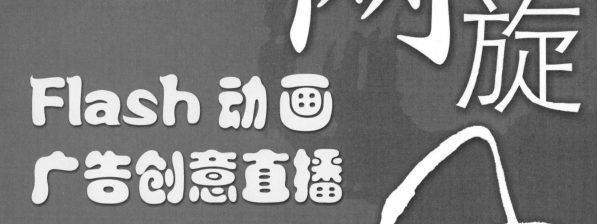

网旋

Flash 动画
广告创意直播

穆亚梅　魏砚雨◎编著

U0296433

机械工业出版社
CHINA MACHINE PRESS

本书全面介绍了 Flash 网络广告的设计与制作。全书共分 10 章，依次介绍了网络广告的基本知识、Flash CS5 软件导航、按钮类广告、标识类广告、横幅类广告、通栏类广告、对联类广告、画中画类广告、全屏类广告，以及背投类广告等内容。书中对各类广告的讲解具体详细，举例分析恰到好处，再加之全彩印刷、色彩鲜亮、版式新颖活泼、素材全面丰富，堪称一本非常优秀的网络广告设计用书。

　　本书结构编排合理，图文并茂，适合作为 Flash 动画制作的培训教材，也可作为 Flash 动画从业人员和爱好者的重要参考资料。

图书在版编目（CIP）数据

网旋风：Flash 动画广告创意直播 / 穆亚梅，魏砚雨编著 . —北京：机械工业出版社，2012.4（2016.1重印）
　ISBN 978-7-111-38154-9

　Ⅰ . ①网… 　Ⅱ . ①穆… ②魏… 　Ⅲ . ①动画制作软件
Ⅳ . ① TP391.41

中国版本图书馆 CIP 数据核字（2012）第 078646 号

机械工业出版社（北京市百万庄大街 22 号　邮政编码 100037）
责任编辑：丁　伦
责任印制：乔　宇
印　　装：北京画中画印刷有限公司
2016 年 1 月第 1 版 • 第 4 次印刷
184mm×260mm • 17 印张 • 420 千字
7101—8600 册
标准书号：ISBN 978-7-111-38154-9
　　　　　 ISBN 978-7-89433-591-3（光盘）
定价：65.00 元（含 1 光盘）

前言

首先，感谢您选择并阅读本书。

说到Flash，相信大家并不陌生，它是一款优秀的矢量动画编辑软件，目前最新的版本是Flash CS5。该软件具有高品质、跨平台、可嵌入声音和视频及强大的交互功能等特性。同时，利用其生成的文件体积较小，播放效果清晰，因此深受广大用户的青睐。随着科技的进步，计算机网络的迅猛发展，人们已将Flash作品应用于媒体宣传、网站设计等领域。正是基于此原因，笔者组织编写了本书。

本书特色

从零学起，快速入门：书中案例的介绍都从"新建文档"开始讲起，对元件制作、动画合成等环节进行详细的介绍。即使是Flash功底薄弱的读者，也可以轻松入门。

图解教学，浅显易懂：全书采用了大量的插图，尽可能做到"全程图解"，从而使读者在学习时一目了然。

覆盖面广，专业性强：案例均为网络广告设计，其中包括按钮广告、标识广告、通栏广告、全屏广告等多种类型，并且对广告设计的每一个环节均做了详细的介绍。

完整素材，视频学习：在本书配套的光盘中，提供了案例源文件、视频文件及大量的素材文件，以帮助读者快速掌握动画设计的知识。

内容导读

全书共10章，其中前两章为Flash动画广告知识与Flash CS5基础快速充电篇，包括网络广告专业指导和Flash CS5软件导航。后8章为Flash网络广告设计篇，依次为按钮类广告、标识类广告、横幅类广告、通栏类广告、对联类广告、画中画类广告、背投类广告、全屏类广告。每个案例的组织结构均为"效果展示"、"设计导航"、"实战步骤"和"案例小结"。

关于作者

本书的案例全部源于现实生活，实用性很强，可以带领读者有目的、有方向地学习和研究。本书的作者有着多年的动画设计实践经验，书中内容着眼于专业性和实用性，其结构清晰、讲解细致，符合读者的认知规律。

适用读者群

本书适合以下读者阅读与使用。

动画设计初学者：本书从实用性、易用性出发，使读者可以从零学起。

动画设计爱好者：书中的设计导航部分，可以使该类读者产生丰富的联想，激发读者的创意，从而设计出更精彩的案例。

网页设计人员：在制作网页时，Flash网络广告是必不可少的，而这些案例的设计也正是为了增加网页的美观程度。

社会培训班学员：本书从读者的切实需要出发，对每个广告案例进行了详细的讲解，特别适合社会培训班作为教材使用。

本书对某些网站中的广告做了适当引用与分析，其目的是增强案例的实用性和说服力。本书第1章、第4章、第5章由穆亚梅（平凉医学高等专科学校）编写，第2章、第3章由魏砚雨编写，其他章节由王国胜、胡娜、王海龙、任海香、刘松云、顾乐敏、李凤云、尼朋、张丽编写。全书由穆亚梅、魏砚雨负责统稿。虽然已尽可能将本书做到更好，但书中仍可能有疏漏和不足之处，欢迎读者朋友不吝赐教。QQ读者交流群：38698368。

编者

目录

网旋风——
Flash动画广告创意直播

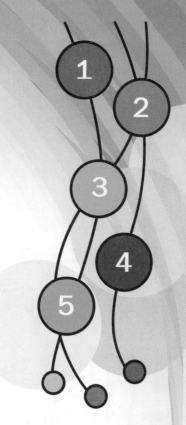

第3章 按钮类广告

全球知名婚戒品牌
拥有正式商标注册证加盟有保障

公开招募 合作伙伴
拥有正式商标注册证加盟有保障

IDiam®

中国房地产网
www.zghouse.net

信息更全
功能更强

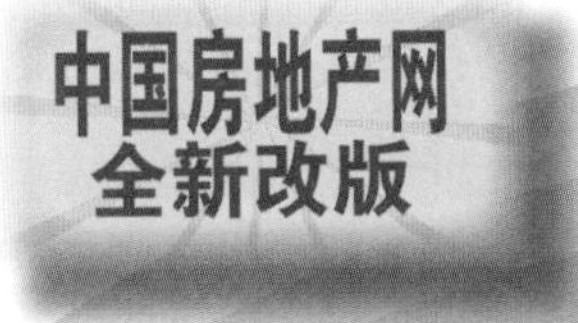

中国房地产网
全新改版

第4章 标识类广告

WEB

WEB
Web图豚

第5章 横幅类广告

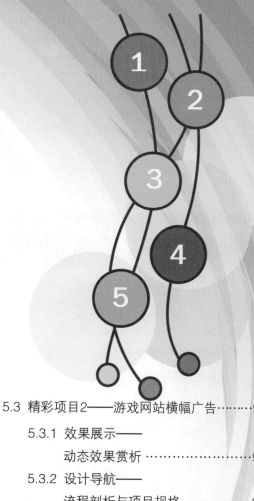

第6章 通栏类广告

第7章 对联类广告

第 8 章 画中画类广告

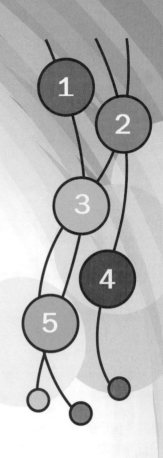

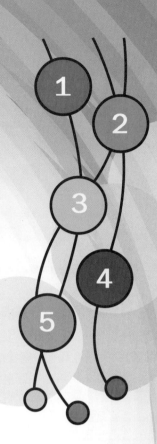

第1章

网络广告专业指导

随着互联网应用技术的迅速发展，越来越多的厂商都更加重视网络所带来的巨大影响，纷纷把广告的投入从传统媒体转移到网络上来。那么网络广告究竟有什么样的魅力呢？网络广告的发展前景如何？在学习网络广告的制作之前，先了解一下网络广告的相关知识。

案例欣赏

1.1 初识网络广告

随着经济的快速增长，广告业也获得了迅猛发展。发达国家的广告费一般占国民生产总值的2%左右，由此看来，广告对经济的发展有着非常重要的作用。那什么是网络广告？下面将对网络广告的概念、特点及分类进行全面介绍。

1.1.1 网络广告的概念

随着计算机网络的推广与普及，网络成为继广播、电视、报纸、杂志四大传统广告媒体之后的又一大媒介，而网络广告则以其独特的形式吸引了人们的注意。中国广告商情网把网络广告定义为：在互联网上传播、发布的广告，它的广告形式、收费模式、广告特点等方面与传统广告形式（如报纸、杂志、电视和广播）有很大的差异。

顾名思义，网络广告就是指在网络上所做的广告，它是通过电子信息服务传播给消费者的广告，因此也称为电子广告。网络广告是采用网站上的广告横幅、文本链接、多媒体等方法，在互联网刊登或发布广告，并通过网络传递到互联网用户的一种高科技广告运作方式。Internet是一个全新的广告媒体，不但速度快，而且效果好，因此是企业发展壮大的好途径，对于那些广泛开展国际业务的公司更是如此。

下面将从沟通模式、交互程度、覆盖范围、信息容量、视听效果、经济效益、心理因素、信赖程度、准确性、灵活性、权利性等方面对网络广告与传统广告进行比较。

1.沟通模式

网络广告促成消费者采取行动的机制主要是靠逻辑、理性的说服力，其沟通模式的特点是：受众成为主动的信息寻求者，而企业成为被动的寻找目标的信息源。而传统广告的主要传播形式是由企业经过许多中间环节"推向"最终消费者，其沟通模式的特点是：大面积播送，单向流通，且信息的传送和反馈是隔离的，非交互的。由此看来，网络广告的沟通模式更为紧凑，沟通效率也会因此而提高。

2.交互程度

网络广告不同于传统广告信息的单向传播，而是信息互动传播。采用交互界面，可以使访问者对广告的阅读层次化。受众群体不但可以阅读有关企业和其他产品的资料，还可以借助电子邮件，向厂商咨询或请求服务。厂商能够在很短的时间内收到信息，并根据客户的要求和建议及时做出反馈。网络广告提供的这种交互功能，可以非常方便地满足消费者边浏览广告，边在线订货、购物的需求，顺应了人们快节奏工作和生活的需要，从而吸引了更多的消费者。

3.覆盖范围

目前全球上网人数多达数亿，覆盖近200个国家，而这个数字还在快速增长。全世界的计算机按照统一的通信协议组成了一个全球性的信息传输系统。通过互联网络发布广告信息范围极广，且不受时间和地域的限制。而绝大多数的电视、广播、报纸及杂志只是地区性和专业性的，但通过网络广告，会以最快的速度把产品介绍到全球的客户。

4.信息容量

网络广告可以借助层层链接引导受众进入相关主页，使网络用户获得更多的信息。而传统广告由于受媒体时间和版面的限制，其内容只能从简、突出重点。可以说，在费用一定的情况下，利用网络广告，广告主能够不加限制地增加广告信息，这一点在传统媒体上是无法实现的。

5.视听效果

网络是伴随着新科技发展起来的。网络广告在传播信息时，可以在视觉、听觉，甚至触觉方面给消费者以全面的震撼。相比之下，传统的媒体杂志、报纸仅提供静态的图文信息，而广播只提供声音信息。

6.经济效益

网络广告能用自动化的软件工具进行创作和管理，能以低廉的费用按照需要及时地变更广告内容。这与传统广告按面积（或时间）的计价方式相比，具有极强的竞争力。广告宣传的目的就是为了促销产品，而促销产品的最终目的是为了获取利益。由于企业传统形式广告的价格不断增长，因此将对企业造成一定的负担。

7.心理因素

从某种角度来讲，与传统广告相比，网络广告的最大优势在于"心理"。网络消费者可以根据自己的需求，主动地点击广告。一旦消费者做出选择点击广告条，其心理上已经认同，在随后的广告双向交流中，广告信息可以毫无阻碍地进入到消费者的心理中，实现对消费者的劝导。

8.信赖程度

在广告信息的传送过程中，信赖度是非常重要的指标。广告的信赖度是指广告主所预期的广告效果和实际效果误差的大小，误差越小，则信赖度越高。网络广告可以直接计算广告信息下载的人次，再加上浏览者通常会看到已经被下载了的广告，因此网络广告的信赖度比较高。而这一点传统广告远不及网络广告。

9.准确性

网络广告的准确性包括两个方面：其一是广告主投放广告的目标市场的准确性。网络实际是由一个一个的团体组成的，这些组织成员往往具有共同的爱好和兴趣，无形中形成了市场细分后的目标顾客群。其二体现在广告受众的准确性上。上网是需要付费的，当消费者浏览站点时，只会选择真正感兴趣的广告信息，所以网络广告信息到达受众的准确性高。从营销学的角度来看，这是一种一对一的理想营销方式，它使可能成为买主的用户与有价值的信息之间实现了匹配。

10.灵活性

网络媒体具有随时更改信息的功能，广告主可以根据需要随时进行广告信息的改动，广告主可以在短时间内调整产品价格、商品信息，可以及时将最新的产品信息传播给消费者。而在传统媒体上做的广告，一经发布便很难更改，即使可以改动，往往也需要付出很大的经济代价。

11.权利性

在网络空间中，受众不仅可以主动获取信息，而且可以主动地报道甚至发布信息。此外，受众还可以随时同传播者在媒体上直接进行面对面的音频、视频对话，与传播者完全处于平等的地位。而在传统广告的传播过程中，受众只有单一接受的功能，即使反馈也是零散的、间接的和延迟的。

综上所述，从内容上看，传统广告主要是反映经济生活，而网络广告是整合营销电子传播。从本质上讲，传统广告是推销加营销式的，而网络广告是社会文化式的。虽然网络广告很优秀，但也不是万能的。企业在选择广告时，除要了解各类媒体的主要优缺点外，还应考虑消费者的喜好、产品种类、广告信息、成本等因素。企业应根据需要综合各种推广方式，以使广告效益达到最佳。

1.1.2 网络广告的特点

网络广告与传统的四大传播媒体广告，以及近年来备受青睐的户外广告相比，具有得天独厚的优势。首先网络媒体最大的特性在于它的互动性，信息的传播方式不是单向传递而是双向沟通。下面将对网络广告的优缺点进行介绍。

1.网络广告的优点

以网络媒体为主的广告有着传统广告不可比拟的优势，具体如下。

（1）覆盖范围广

无论电视、报刊、广播，还是灯箱海报，都不能跨越地域的限制，只能对某一特定地区产生影响。但任何信息一旦进入互联网，分布在世界各地的互联网用户都可以在自己的计算机屏幕上看到。从这个意义上说，互联网将会是具有全球影响的高科技媒体。

（2）信息容量大

在互联网上，广告主提供的信息容量是不受限制的。网络上一个小小的广告条后面，广告主可以把自己的公司及公司的所有产品和服务，包括产品的性能、价格、型号、外观形态等有必要向受众说明的一切详细信息制作成网页放在自己的网站中。

（3）便捷性与互动性

网络广告的便捷性不仅是指信息的发布，还包括信息的反馈和更换。对于广告运作来说，从材料的提交到发布，所需时间可以是数小时或更短。互动性的显著特点为一对一的直接沟通。

（4）费用低投资少

电台电视台的广告虽然以秒计算，但费用也动辄成千上万；报刊广告也价格不菲，超出多数单位个人的承受力。网络广告由于节省了报刊的印刷、电台或电视台昂贵的制作费用，成本大大降低，使绝大多数个人和企事业单位都可以承受。

（5）多媒体动感效果

由于先进的科技，网络广告可以应商家要求做成集声、像、动画于一体的多媒体广告，即具有了传统媒体在文字、声音、画面、三维空间及虚拟视觉等方面的一切功能，实现了完美的统一。这是其他报刊杂志、电台广告所无法比拟的。除此之外，传统媒介无法实现的信息反馈，在信息网络时代却可以轻易实现。

2.网络广告的缺点

网络广告虽然有着上述各种优点，但也有其缺点，具体如下。

（1）创意的局限性

网络广告现在最常用的尺寸是468像素×60（或80）像素，要在这样小的广告空间里形成吸引目标消费者的广告创意，其难度可想而知。

（2）供选择的广告位有限

目前网络广告的形式不外乎"旗帜广告"和"图标广告"等，而每个网页上可以提供的广告位置是很有限的。

（3）效果评估困难

在中国，至今尚未有一家公认的第三方机构可以提供量化的评估标准和方法。当一个媒体不具备可评估性时，从媒介作业的角度就完全有理由去质疑它的可选用性。目前对网络广告效果的评估主要是基于网站提供的数据，而这些数据的准确性、公证性一直受到某些广告主和代理商的质疑。

（4）调研数据的匮乏

国内至今还没有完整的有关网上人口形态的调研、网络消费习惯的调研、网络广告的流量监测和网络广告效果的调研。

 ## 1.1.3　网络广告的分类

网络广告的表现形式丰富多彩，而且正处在发展过程中。目前，在国内外的网站页面上常见的网络广告形式包括横幅类、按钮类、文本类等，下面将对其进行详细介绍。

1.横幅类广告

横幅类广告也称"旗帜广告"，其定位在网页中，大多用于表现广告内容（如图1-1所示）。网络媒体在自己网站的页面中分割出一定大小的一个画面进行广告发布，因其像一面旗帜，所以称为旗帜广告。旗帜广告允许客户用极简练的语言、图片介绍企业的产品或宣传企业形象。它通常有4种形式。

> 全幅：尺寸为468像素×60（或80）像素。
> 全幅加直式导航条：尺寸为392像素×72像素。
> 半幅：尺寸为234像素×60像素。
> 直幅：尺寸为120像素×240像素。

为了吸引更多的浏览者注意并点选，旗帜广告在制作上经历了由静态向动态的演变。动态旗帜广告利用多种多样的艺术形式进行处理，往往做成动画形式，具有跳动效果或霓虹灯的闪烁效果，非常具有吸引力。此种广告重在树立企业的形象，扩大企业的知名度。

图1-1 横幅类广告

2.按钮类广告

按钮类广告是网络广告最早的和最常见的形式。它定位在网页中，由于尺寸偏小，表现手法较简单，因此只用于显示公司名称或产品标志。单击它可以链接到广告主的主页或站点，如图1-2所示。按钮类广告最常用的按钮类广告尺寸有4种，分别为：125×125、120×90、120×60、88×31，单位为像素。按钮类广告的不足在于其被动性和有限性，它要求浏览者主动单击，才能了解到有关企业或产品的更为详细的信息。

图1-2 按钮类广告

3.主页广告

主页广告是指将广告主所要发布的信息内容分门别类地制作成主页，放置在网络服务商的站点或企业自己建立的站点上，如图1-3所示。这种广告可以详细地介绍广告主的各种信息，如企业营销发展规划、主要产品与技术特点、商品订单、企业联盟、主要经营业绩、售后服务措施、联系办法等，从而使浏览者全方位地了解企业及企业的产品与服务。

4.分类广告

分类广告类似于报纸杂志中的分类广告，通过一种专门提供广告信息的站点来发布广告。在这类站点中，提供可以按照产品目录或企业名录等内容分类检索的深度广告信息，如图1-4所示。这种类型的广告对于那些想查找广告信息的访问者来说，无疑是一种快捷、有效的方式。

图1-3 主页广告

苹果经销商 > 苹果电脑产品及配件

	产品编号	产品名称	产品零售价
MacBook	MB881CH/A	13.3"/2.0GHz/2X1GB/120GB/SD	RMB 8,498
	MB466CH/A	13.3"/2.0GHz/2X1GB/160GB/SD	RMB 10,898
	MB467CH/A	13.3"/2.4GHz/2X1GB/250GB/SD/BL-KB	RMB 13,498
MacBook Air	产品编号	产品名称	产品零售价
	MB543CH/A	13"/1.6GHz/2GB/120GB	RMB 15,198
	MB940CH/A	13"/1.86GHz/2GB/128GB SSD	RMB 20,898
MacBook Pro	产品编号	产品名称	产品零售价
	MB470CH/A	15.4"/2.4GHz/2X1GB/250GB/SD/256VRAM	RMB 16,688
	MB471CH/A	15.4"/2.53GHz/2X2GB/320GB/SD/512VRAM	RMB 20,898
	MB604CH/A	17"/2.66GHz/2X2GB/320GB/SD/GLSY	RMB 23,498
iMac	产品编号	产品名称	产品零售价
	MB323CH/A	20"/2.4GHz/1GB/250GB/SD-DL	RMB 10,698
	MB324CH/A	20"/2.66GHz/2GB/320GB/SD-DL	RMB 13,398
	MB325CH/A	24"/2.8GHz/2GB/320GB/SD-DL	RMB 15,998

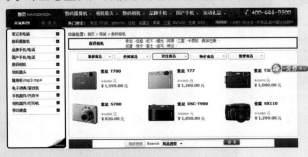

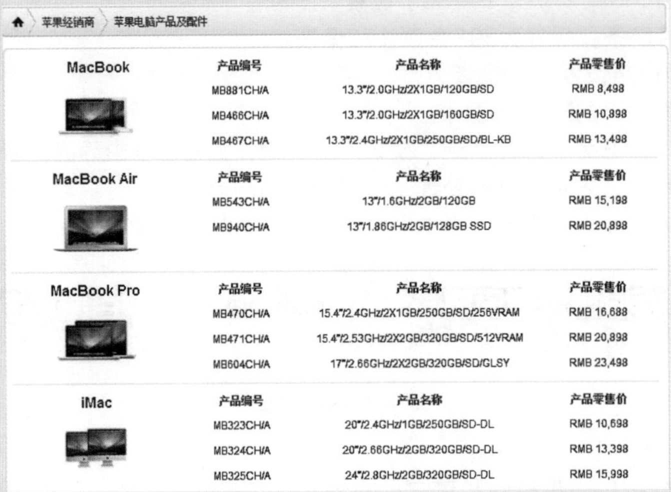

图1-4 分类广告

5.插播类广告

插播类广告也称为弹出类广告，即访客在请求登录网页时，强制插入一个广告页面或弹出广告窗口，如图1-5所示。它们有点类似于电视广告，都是打断正常节目的播放，强迫观看。插播类广告有各种尺寸，有全屏的，也有小窗口的，而且互动的程度也不同，有静态的也有动态的。浏览者可以通过关闭窗口不看广告，但是它们的出现没有任何征兆，而且肯定会被浏览者看到。

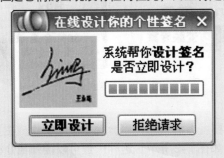

图1-5 弹出类广告

1.1.4 网络广告的发展前景

目前网络广告的市场正在以惊人的速度增长,网络广告发挥的效用越来越重要,以致于广告界甚至认为互联网络将超越路牌广告,成为继电视、广播、报纸、杂志之后的第五大媒体。因而,众多国际级的广告公司都成立了专门的"网络媒体分部",以开拓网络广告的巨大市场。

在短短几年的时间内,网络广告经历了螺旋式上升的发展历程,从精准投放为诉求吸引广告到回归传统媒体的广告营销策略,再跃升到新的精准投放模式。在2000年以前,以新媒体身份登场的网络媒体面对成熟的传统媒体,大多采取了精准投放为诉求的网络广告营销模式。目前,金融危机的影响已波及全球,各国经济增长放缓,都面临巨大的考验。在这样的大环境下,国内企业同样无法免遭全球经济困局的影响,面对危机对自身发展的冲击,企业纷纷缩减开支,控制成本。因此,在企业的广告投入方面,将更加倾向选择低成本、高效率的投放渠道。在这样的背景下,互联网广告一枝独秀,逆势增长。

随着国内互联网,尤其是电子商务的迅速发展,互联网广告在企业营销中的地位和价值越发重要。选择网上淘金,将成为中国企业的必由之路。

1.2 深入了解网络广告

随着经济的迅猛发展,市场贸易的全球化竞争也日益激烈,企业广告的宣传变得非常关键。网络广告作为新兴的广告产业,犹如雨后春笋般迅速成长,引起了人们的高度重视。

1.2.1 网络广告设计原则

网络广告有着很强的针对性和可评估性。正因为如此,在设计和应用网络广告时,应遵循以下基本原则。

> 色彩的设计以清晰、明快为佳。
> 广告条和内容要清晰简明且具号召力。
> 建立反馈平台,跟踪信息反馈。
> 将不同的卖点集中于不同的路径。
> 页面和路径设计要容易、方便、快捷。
> 运用人类共同的符号语言、色彩语言,避免不同文化范围忌讳的图形符号。
> 讲究时效性、趣味性等。

除此之外,为了使设计出的广告更具吸引力,其表现形式应遵循以下法则。

> 对比与统一:对比指将反差很大的两个视觉元素合理地排列在一起,使主题更加鲜明,视觉效果更加活跃。与此同时,还应保持一定的统一感。

> 比例:比例是部分与部分,或部分与整体之间的数量关系。恰当的比例有一种和谐的美感,是形式美法则的重要内容。

> 节奏和韵律:节奏指以同一视觉要素连续重复时所产生的运动感。单纯的单元组合重复易于单调,由有规则变化的形象以数比、等比处理排列,使之产生音乐诗歌的旋律感,称为韵律。有韵律的构成具有积极的生气,有加强魅力的能量。

> 联想与意境:联想是思维的延伸,它由一种事物延伸到另外一种事物上。意境是指通过视觉传达而产生的联想,以达到某种情境。

1.2.2 网络广告的法律规范

广告法是调整广告活动中广告主、广告经营者、广告发布者三者之间关系的法律规范的总称。广告法对商品、服务广告的基本要求包括如下几个方面。

第一，广告不得有下列情形：
> 使用中华人民共和国国旗、国徽、国歌。
> 使用国家机关和国家机关工作人员的名义。
> 使用国家级、最高级、最佳等用语。
> 妨碍社会安定和危害人身、财产安全，损害社会公共利益。
> 妨碍社会公共秩序和违背社会善良习惯。
> 含有淫秽、迷信、恐怖、暴力、丑恶的内容。
> 含有民族、种族、宗教、性别歧视的内容。
> 妨碍环境和自然资源保护。
> 法律、行政法规规定禁止的其他情形。

第二，为了维护公平竞争秩序，《广告法》规定：广告不得贬低其他生产经营者的商品或者服务。

第三，在广告的表现上，规定广告应当具有可识别性，能够使消费者辨明其为广告。特别规定，大众传播媒介不得以新闻报道形式发布广告，通过大众传播媒介发布的广告应当有明显的广告标记，与其他非广告信息相区别，不得使消费者产生误解。

第四，对于药品、农药、烟酒制品、食品、化妆品等与人的健康和人身、财产安全密切相关的商品广告，做了更为严格的限制和规定。

《广告法》的出现，使我国的广告业进入法制化轨道，从而真正做到了有法可依、有法可循的状态。广告法不仅促进了广告业的健康发展，维护了社会主义市场经济秩序，还保护了消费者合法权益。在我国，消费者的合法权益受到法律的保护。按照《消费者权益保护法》的规定，消费者享有知情权。

1.2.3 网络广告设计欣赏

下面将列举一些常见的网络广告，以增加读者对网络广告的了解。

画中画广告

全屏广告

标识广告

横幅广告

弹出广告

按钮广告

背投广告

互动广告

读书笔记

第2章

Flash CS5软件导航

Flash现已成为主流的动画制作软件，广泛应用于网页设计和多媒体创作等领域。本章将对Flash CS5版本中的基本操作、常用工具及简单动画的创建与处理进行初步介绍。通过对这些内容的学习，可使读者快速掌握Flash动画制作的相关知识，如各工具的应用、帧的编辑、图层的应用、元件和库的使用、影片优化与输出等。

案例欣赏

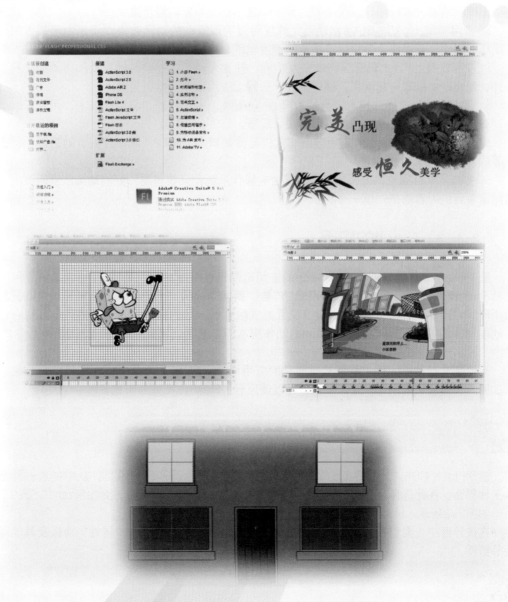

2.1　Flash的特点和应用

Flash CS5是Adobe公司最新推出的一款矢量图形编辑和动画创作专业软件，其文件扩展名为.fla。本节将对其特点等内容进行介绍。

2.1.1　Flash的特点

Flash的前身是Future Splash，其含义为"闪电、闪现、一刹那"，因此可以用闪、快、酷、炫来形容。Flash在制作动画方面有很多优势，下面将对其特点进行介绍。

> 使用矢量图形：矢量图形可以任意缩放尺寸而不失真，因此，用Flash创建的图像和动画可以无限制地放大或缩小，以用不同的分辨率显示，而不影响显示效果。

> 占用空间小：几KB的.swf动画文件便可以实现复杂的动画效果。正是由于其占用的存储空间小，因此，在网络上传输以及播放的速度也就非常快。

> 交互性强：Flash具有极强的交互功能，开发人员可以很容易地在动画中添加交互效果。另外，配合动作脚本一起使用，使得开发一些网上应用程序变得更简单。

> 采用"流"式播放技术：当播放Flash动画时，采用的是"流"式技术，用户可以边下载边观看动画，无须等待动画全部下载完成再观看。

> 适用范围广：Flash的应用范围非常广泛，如贺卡、MTV、网站片头、动画短片、交互游戏等的制作都有Flash的身影。

> 支持多平台播放：无论使用何种平台或操作系统，只要将制作好的动画放到网页上，任何访问者看到的内容都是一模一样的。

2.1.2　Flash的应用

随着Flash功能的不断完善，Flash的应用范围也在不断扩大。目前，Flash技术应用的领域包括Flash课件、Flash网页设计、MTV、广告、新闻、片头、卡通片、网络电影、游戏开发等。利用Flash可以将音乐、动画、声效、交互方式融合在一起，因此越来越多的人已经把它作为网页动画设计的首选工具。同时，Flash的动作脚本简单易学，因此Flash将会应用到更多的领域中。

无论是设计动画，还是构建数据驱动的应用程序，应用Flash都可以做到最佳的效果。通过添加图片、声音和视频等多媒体素材，可以使原有的Flash作品更加丰富多彩。

2.2　Flash CS5的工作界面

启动Flash CS5应用程序后，首先会弹出一个如图2-1所示的起始页，从中任选一种方式进入工作界面。在此选择"新建"选项区中的"ActionScript 3.0"选项，弹出Flash CS5的工作界面，如图2-2所示。

在该界面中主要包括菜单栏、舞台、"时间轴"面板、工具箱、"属性"面板及其他浮动面板等组件。

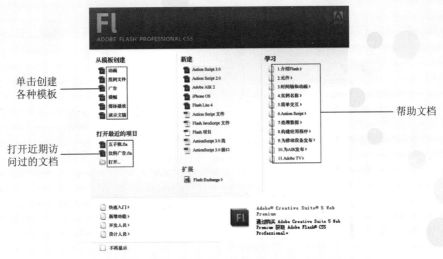

图2-1 Flash CS5起始页

图2-2 Flash CS5的工作界面

2.2.1 菜单栏

Flash CS5的菜单栏中包括11个菜单项,分别是文件、编辑、视图、插入、修改、文本、命令、控制、调试、窗口和帮助。由于各菜单项的形式及其操作方法类似,因此这里将以"窗口"菜单项为例进行展示。单击菜单栏中的"窗口"菜单项,打开如图2-3所示的菜单。

2.2.2 工具箱

在Flash CS5的工具箱中,几乎包括了所有的绘图的工具(如图2-4所示)。只要合理利用它们,就可以很方便地绘制和编辑各种图形。

2.2.3 "时间轴"面板

"时间轴"面板如图2-5所示,它不仅用于设置Flash图形和其他元素的显示时间,还用于指定舞台上各图形的分层顺序。其中,较高图层中的图形将显示在较低图层中图形的上方。

"时间轴"面板大致可以分为"控制区"、"图层区"和"时间轴"3部分,各自功能介绍如下。

> 控制区：用于该面板的隐藏和显示，以及各场景、各元件之间的切换。双击控制区内各图层的名称，即可隐藏或显示"时间轴"面板。

图2-3 "窗口"菜单

图2-4 工具箱

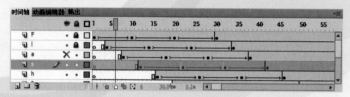

图2-5 "时间轴"面板

> 图层区：用于设置整个动画的空间顺序，包括图层的隐藏、锁定、插入、删除等。

> 时间区：用于设置各图层中各帧的播放顺序，它由若干小格构成，每一格代表一个帧，一帧又包含若干内容，即所要显示的图片及动作。将这些图片连续播放，即可观看到一个动画影片。

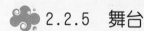 2.2.4 "属性"面板

在Flash CS5中，当选中舞台中的某个图形元件或工具箱中的某个工具时，在"属性"面板中将显示其相对应的属性选项，用户可以根据需要进行具体的设置，如图2-6所示。

提示：单击"属性"面板中的下三角按钮，可以将其对应的选项隐藏，这样不仅扩大了场景的编辑区域，还方便了用户从整体上把握动画的布局效果。

2.2.5 舞台

在介绍舞台之前，先介绍一下场景的知识。场景（scene）指当前整个动画的编辑区域，用于按主题有组织地播放Flash动画。场景中包含舞台。

舞台是在创建Flash文档时放置图形内容的矩形区域，其中包括矢量插图、文本框、按钮、导入的位图及视频剪辑等。在Flash应用程序中，舞台的大小是可以改变的。另外，在舞台中还可以使用网格和标尺精确定位各元件。

提示：舞台与场景的区别是，在播放动画时，只显示舞台中的内容，而舞台之外场景中的内容将不会被播出。

在一个Flash动画中，至少要有一个场景。当一个Flash动画中包含多个场景时，播放器会在第一个场景播放结束后自动播放下一个场景中的内容，直至最后一个场景播放结束为止。用户还

可以通过"场景"面板对场景进行添加、复制和删除操作，以及通过拖动改变场景的排列顺序，从而改变具体的播放次序，如图2-7所示。

图2-6 "属性"面板　　　　　　　　　　　图2-7 "场景"面板

2.2.6 其他面板

在Flash CS5中常见的浮动面板还包括"动作"面板、"库"面板、"颜色"面板等，分别如图2-8、图2-9和图2-10所示。

图2-8 "动作"面板　　　　　　　图2-9 "库"面板　　　图2-10 "颜色"面板

单击"窗口"→"动作"命令，或按〈F9〉快捷键都将可以打开"动作"面板。该面板主要包括标题栏、"动作"工具箱和"脚本编辑"窗口3个部分。其中，"脚本编辑"窗口是用于编写动作代码的区域。若在此选择"脚本助手"模式 ，"动作"面板包含ActionScript代码，则Flash将编译该代码。如果代码出错，只有修正当前所选代码的错误后，才能使用脚本助手。此外，"脚本编辑"窗口中还显示一些快捷按钮、当前所选择的操作对象，以及光标所在的行号和列号。

"库"面板和"颜色"面板的打开方法与"动作"面板相似，使用也很简单，在此不再赘述，读者可以通过后面章节的介绍逐步了解。

2.3 文档的基本操作

FLA 文件是在 Flash 中使用的主要文件，其中包含Flash文档的基本媒体、时间轴和脚本信息。

2.3.1 新建Flash文档

在Flash CS5中，新建文档有以下几种方法。

> 单击"文件"→"新建"命令。
> 按〈Ctrl＋N〉组合键。
> 在主工具栏上单击"新建"按钮 🗋 。

提示：单击"窗口"→"工具栏"→"主工具栏"命令，可以调出如图2-11所示的主工具栏。该工具栏的使用与其他应用程序中工具栏的使用方法相似。

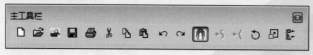

图2-11 主工具栏

通过模板创建新文档的操作过程如下：

Step1 单击"文件"→"新建"命令，在打开的对话框中选择"模板"选项卡，如图2-12所示。

图2-12 "模板"选项卡

Step2 从"类别"列表框中选择一个类别，如广告，然后从"模板"列表框中选择一种文档。

Step3 设置完成后，单击"确定"按钮，即可创建所需要的文档。

2.3.2 设置Flash文档的属性

在Flash中，文档属性的设置是制作动画的第一步，也是很重要的一步。打开"属性"面板，可以分别对舞台的大小、颜色等属性进行设置，下面将介绍文档属性的具体设置方法。

Step1单击"窗口"→"属性"命令，或按〈Ctrl＋F3〉组合键，打开"属性"面板，如图2-13所示。

Step2单击"大小"右侧的"编辑文档属性"按钮 🔧 ，打开"文档设置"对话框，从中可对当前文档的尺寸、标尺单位、帧频、背景颜色等进行设置，如图2-14所示。

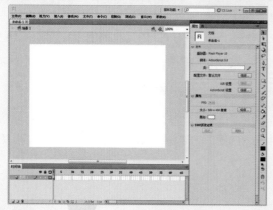

图2-13 "属性"面板

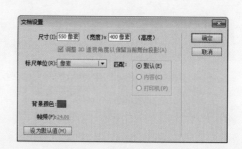

图2-14 "文档设置"对话框

Step3设置完成后，单击"确定"按钮，即可改变舞台的相关属性，如图2-15所示。

Step4舞台的"颜色"属性和"帧频"属性也可以直接在"属性"面板中进行调整。单击"舞台"右侧的"背景颜色"图标，在弹出的列表框中选择一种合适的颜色即可，如图2-16所示。

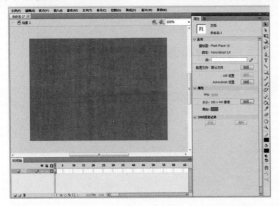

图2-15 设置属性后的舞台   图2-16 舞台颜色的调整

帧频的大小也可以在"属性"面板中直接设置。将鼠标光标指向FPS右侧的数值，然后左右拖动鼠标即可。需要注意的是，该数值越大，动画运动就越快。

2.3.3 打开和关闭Flash文档

通过对上述内容的学习，相信大家对Flash有了一定的了解，接下来将对Flash文档的打开和关闭操作进行介绍。

1.打开Flash文档

在Flash CS5中，打开文档有以下几种方法。

> 单击"文件"→"打开"命令，或按〈Ctrl＋O〉组合键。

> 在Flash的起始页上单击"打开"按钮。

> 在主工具栏上单击"打开"按钮📂。

> 在资源管理器中，双击已有文件的图标。

使用以上任意一种方法，均可打开一个Flash文档。

2.关闭Flash文档

在Flash CS5中，关闭文档有以下几种方法。

> 单击标题栏上的"关闭"按钮 ▬ ✖ 。

> 单击"文件"→"关闭"命令，或按〈Ctrl＋W〉组合键。

> 单击"文件"→"全部关闭"命令，或按〈Ctrl＋Alt＋W〉组合键。

> 单击"文件"→"退出"命令。

> 在标题栏上单击应用程序的图标 ，在弹出的快捷菜单中单击"关闭"命令。

如果在执行关闭之前，用户编辑过文档而没有保存，则会弹出如图2-17所示的提示对话框。

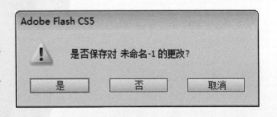

图2-17 提示是否保存

在该对话框中，单击"是"按钮，表示保存修改过的文档；单击"否"按钮，表示不进行保存；单击"取消"按钮，表示将取消此次关闭操作。

2.3.4　保存Flash文档

在Flash CS5中，新建或编辑一个Flash动画后应及时将其保存，常见的保存方法有以下几种。

> 单击"文件"→"保存"命令，或按〈Ctrl + S〉组合键。
> 单击"文件"→"另存为"命令，或按〈Ctrl + Shift + S〉组合键。
> 单击"文件"→"另存为模板"命令。
> 单击"文件"→"全部保存"命令。
> 在主工具栏上单击"保存"按钮🖫。

提示：FLA文件是制作动画的原始文件，其中包含了制作过程中绘制的图形、导入的素材、添加的图层及脚本语句。SWF文件即Flash影片文件，它可以使用Flash播放器进行播放，也可以通过操作系统的浏览器进行播放。

2.4　Flash中的辅助工具

在Flash CS5中，为了更加准确地绘制和布局元件，常常会用到标尺、网格及辅助线。本节将对这3种辅助工具进行初步介绍。

2.4.1　标尺

在Flash CS5中，标尺显示在工作区的左侧和上方，如图2-18所示。单击"视图"→"标尺"命令，或按〈Ctrl + Alt + Shift + R〉组合键，可将其隐藏。若再次单击命令或按组合键，可将标尺显示。

标尺默认的度量单位是像素，除此之外还包括英寸、点、厘米、毫米等。若需要更改标尺的度量单位，可以通过"文档设置"对话框进行修改。

2.4.2　网格

单击"视图"→"网格"→"显示网格"命令，或按〈Ctrl + '〉组合键，可将网格显示。若显示网格后，将在所有场景中的插图之后显示一系列的直线，利用网格可以可视地排列对象，如图2-19所示。再次单击命令或按组合键，可将网格隐藏。

网格的间距大小和颜色可以根据需要调整，其方法是单击"视图"→"网格"→"编辑网格"命令，或按〈Ctrl + Alt + G〉组合键，即可打开"网格"对话框，从中便可以对网格的颜色和间距进行编辑。

2.4.3　辅助线

在Flash CS5中，使用辅助线之前，需要将标尺显示出来。在标尺显示的状态下，使用鼠标分别从水平和垂直的标尺处向舞台中拖动，便可拖出水平和垂直辅助线，如图2-20所示。使用辅助线可以对舞台中的对象进行位置规划，还可以提供自动吸附功能。

图2-18 标尺

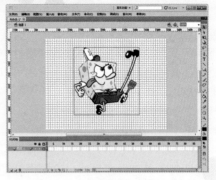

图2-19 网格

在辅助线显示的状态下，单击"视图"→"辅助线"→"显示辅助线"命令，或按〈Ctrl+；〉组合键，即可将辅助线隐藏起来。

为了使辅助线更加明显，便于用户操作，常会对其进行相关的设置。单击"视图"→"辅助线"→"编辑辅助线"命令，或按〈Ctrl+Alt+Shift+G〉组合键，打开"辅助线"对话框，如图2-21所示。从中对辅助线进行编辑，之后单击"确定"按钮即可。

图2-20 辅助线

图2-21 "辅助线"对话框

2.5 Flash中的绘图工具

在Flash作品中，为了有一个更好的动画效果，除了修改导入的素材图片外，常常还需要自己动手绘制一些图形，此时将涉及到Flash中提供的绘图工具。基本的绘图工具包括线条工具、钢笔工具、椭圆工具、铅笔工具、矩形工具及刷子工具等。本节将对这些工具的使用进行简单介绍。

2.5.1 线条工具

线条工具是Flash中最简单的一种绘图工具。选择线条工具，移动鼠标光标到舞台上，在直线开始的地方按住鼠标左键进行拖动，然后到结束点释放鼠标即可。可以连续单击并拖动绘制连续的线条，也可以绘制封闭的线条或交叉的线条。用户可以根据需要在线条工具的"属性"面板中对直线的颜色、粗细和样式等进行设置。当使用线条工具绘制直线时，可以配合〈Shift〉键绘制出水平、垂直或45°的直线。

2.5.2 钢笔工具

使用钢笔工具不仅可以创建直线、曲线及混合线等，还可以绘制精确的路径。在工具箱中，选择钢笔工具后，可以在其对应的"属性"面板中设置所绘线条的颜色、宽度及笔触样式等。当利用钢笔工具绘画时，通过单击和拖动可以创建曲线段上的点，然后再通过线条上的点调整直线段和曲线段，以得到合适的图形，如图2-22所示。

2.5.3. 椭圆工具

使用椭圆工具可以在文档中绘制出各种各样的椭圆、正圆、空心圆、实心圆、扇形等。如图2-23所示的小球便是通过椭圆工具绘制所得的。使用椭圆工具的时候，若按住〈Shift〉键进行绘制，则可绘制出正圆。

图2-22 绘制字母G

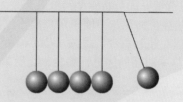

图2-23 椭圆工具的应用

在工具箱中选择椭圆工具后，打开其"属性"面板，如图2-24所示。其中，设置"开始角度"值和"结束角度"值（0~360）的大小，可以绘制出扇形。扇形的角度值以水平向右为0°，按顺时针增加。设置"内径"值（0~99）的大小，可以绘制出圆环。"内径"值越大，内环越大。如图2-25所示便是利用椭圆工具绘制的扇形和圆环。

图2-24 椭圆工具的"属性"面板

图2-25 扇形和圆环的绘制

2.5.4. 铅笔工具

铅笔工具是一种比较自由的线条绘制工具，使用它可以绘制任意形状的线条。铅笔工具的使用方法比较简单，在工具箱中选择铅笔工具后，在工作区中单击并拖动鼠标即可在鼠标划过的位置绘制出线条。

提示：虽然使用铅笔工具非常灵活，但对于鼠标操作不熟练或是鼠标不灵敏的用户来讲，最好使用线条工具和钢笔工具。

在Flash CS5中，铅笔工具包括伸直、平滑和墨水3种绘图模式。

> 伸直模式：在该模式下绘制的图形趋于平直、整齐。这是因为在绘制过程中，它将线条工具转换成为 接近形状的直线。

> 平滑模式：在该模式下绘制的图形趋于流畅、平滑。这是因为在绘制过程中，它会将所绘图形的棱角去掉，从而转换成接近形状的平滑曲线。

> 墨水模式：在该模式下绘制的图形效果接近于手工绘制线条时的轨迹，若不进行修饰将完全保持鼠标轨迹的形状。

 ## 2.5.5　矩形工具

矩形工具也是最常见的绘图工具之一，利用矩形工具可以绘制多种矩形，如长方形、正方形、圆角矩形等。矩形工具的应用如图2-26所示。

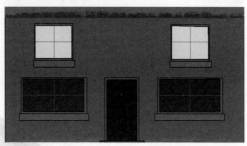

图2-26 房屋平面图中的门窗

 ## 2.5.6　刷子工具

刷子工具是一种非常艺术性的绘图工具，使用它绘制的图像生动传神、熠熠生辉。使用刷子工具可以在已有图形或空白区域中绘制不同颜色、大小和形状的矢量色块图形。该工具的具体使用方法将在后续章节中进行介绍。

2.6　图层、元件和库

在学习Flash CS5的过程中，需要掌握的基本概念包括图层、元件和库等，下面将对其进行逐一介绍。

 ## 2.6.1　图层的应用

一个Flash动画中可以有多个图层，图层如同堆叠在舞台上的透明的纤维薄片，按照需要一层层地向上叠加。

1.图层简介

新建的Flash文档只包含一个图层。为了有更佳的动画效果，用户可以根据需要合理地添加图层，以便于在文档中组织插图、动画和其他元素。图层的增加不会使所要发布的SWF文件增大，而是只有在图层中放入对象后才会增加文件的大小。此外，当图层数量到达一定程度时，可以创建图层文件夹，然后将所建相关图层放入其中进行统一管理。对图层文件夹进行展开或折叠操作，舞台中所显示的内容不会受到任何影响。

为了方便地制作和控制动画效果，往往会将一个图形的各个部分放置在不同的图层中，如帧标签、声音文件、Action Script等。这样在每个图层上创建和编辑对象时，就不会影响到另一个图层中的对象。

提示：在Flash动画中，应至少有一个图层。若所添加的图层上没有内容，那么可以透过它看到下面图层中的内容。

2.图层的类型

Flash图层大致可以分为普通图层、遮罩层和引导层3种，如图2-27所示。其中，普通图层指普通状态下的图层（如图层5），此类图层的名称前面将会出现普通图层的图标。

图2-27 图层类型

遮罩层指放置遮罩物的图层，主要利用本图层中的遮罩物对被遮罩物进行遮挡。当设置某个图层为遮罩层后，该图层的下一图层便被默认为被遮罩层（如图层3），且该图层名称会出现缩排。

引导层是用于设置引导线的图层，以引导被引导层中的对象按照引导线进行移动。当图层被设置成引导层时，在图层名称的前面便会出现一个引导层的图标。此时，该图层下面的图层就被默认为被引导层（如图层1），同时，图层的名称也会出现缩排现象。若引导层下方没有任何图层可作为被引导层，则该图层名称的前面将会出现一个图标。

2.6.2 元件的应用

元件是一些可以重复使用的图像、按钮或影片剪辑等，通常将其保存在库中。换句话说，元件是一个基本的运动单位，通常将对象作为一个模块，在不同帧中重复应用。每个元件都有一个唯一的时间轴和舞台，以及几个图层，此外还可以包含从其他应用程序中导入的插图。元件的使用不仅减小了Flash文档的大小，从而更便于传输，还创建了更完善的交互性。

元件分为图形元件、按钮元件和影片剪辑元件3种。

> 图形元件：指静态或动态的图片元件。图形元件与Flash动画影片的时间轴同步运行。交互式控件和声音在图形元件的动画序列中不起作用。由于没有时间轴，图形元件在FLA文件中的尺寸小于按钮元件或影片剪辑元件。

> 按钮元件：是一个只有4帧的影片剪辑，但它的时间轴不能自动播放，只能随着鼠标光标的动作做出简单的响应，并转到相应的帧。使用按钮元件不仅可以创建用于响应鼠标单击、滑过或其他动作的交互式按钮，还可以定义与各种按钮状态关联的图形，然后将动作指定给按钮实例。

提示：实例指位于舞台上或嵌套在另一个元件内的元件副本。实例可以与它的元件在颜色、大小和功能上有所不同。

> 影片剪辑元件：是一个Flash小片段，该片段可以重复播放。影片剪辑拥有各自独立于主时间轴的多帧时间轴。用户可以将多帧时间轴看做是嵌套在主时间轴内的，且可以包含交互式控件、声音及其他影片剪辑实例。

提示：上述3种元件都可以重复使用，当需要对重复使用的元件进行修改时，只需编辑库中的元件，而不必对所有该元件的实例进行修改。Flash会根据修改的内容，对所有该元件的实例进行更新。

2.6.3 库的应用

在Flash中，库相当于的一个仓库，用于存放动画中的所有元件、图片、声音和视频文件等。

1."库"面板

"库"面板（参见图2-9）中包含很多选项，下面将对常用的选项进行介绍。

库名称列表 [MTV.fla ▼]：通过该下拉列表框可以选择查看其他已打开的Flash文件中的内容。待文件选定后，将在当前库中显示该Flash文件的所有内容。

固定当前库 📌：单击该按钮，便可将当前库资源始终显示在窗口中。

新建库面板 🔳：单击该按钮，将会新建一个"库"面板，以便同时显示多个文件的库资源。

新建元件 🔧：单击该按钮，便可新建一个元件，此时将打开"创建新元件"对话框。

新建文件夹 📁：利用文件夹可以对库中的对象进行分类管理。创建文件夹的方法是单击该按钮，在其后高亮显示的文本框中输入新文件夹的名称，按Enter键即可。

属性 ⓘ：在"库"面板中选取某元件后，单击该按钮便可打开相应的"元件属性"对话框，从中可对相应元件的名称及类型进行重新设置。

删除 🗑：若要将库中多余的元件或文件进行删除，可以使用该按钮。具体方法是选中相应的元件，单击该按钮即可。

2.公用库

在Flash CS5中，系统自带多个类型的公用库，如声音、按钮、类等。用户可以从中直接调用元件，大大提高了工作效率。

单击"窗口"→"公用库"→"按钮"命令，将打开如图2-28所示的按钮库。用户可以将合适的按钮直接拖至舞台中使用，也可以对其进行简单修改再使用。公用库中元件的使用及其编辑方法与普通元件相同。图2-29和图2-30分别为声音库和类库。

图2-28 按钮库

图2-29 声音库

图2-30 类库

2.7 Flash中的动画创建

本节将对Flash动画中帧的概念、动画的基本类型等内容进行介绍。

2.7.1 帧的运用

在Flash动画中，帧起着十分重要的作用。只有熟悉帧的各种操作，才能创建出更加精美的动画效果。

1.帧的类型

帧是组成Flash动画的最基本的单位，通过对帧的编辑，然后将其连续播放，最终将能实现预期的Flash动画效果。在Flash CS5中，根据帧的不同功能和含义，可以将帧分为普通帧、关键帧、空白关键帧等多种类型。

> 普通帧：普通帧在时间轴上为灰色，其中所显示的内容是离它前面最近的那个关键帧的内容，主要用于延长动画的播放时间。

> 关键帧：关键帧在时间轴上用实心圆点表示主要用于定义动画的变化环节，是Flash中呈现关键性内容的帧。换句话说，在Flash中，只有关键帧才可以绘制图形，添加脚本、声音及实现动画。

> 空白关键帧：顾名思义，没有内容的关键帧就是空白关键帧。它主要用于结束一个关键帧的内容或用于分隔两个相连的补间动画。在时间轴上，空白关键帧用空心圆点表示。

> 补间帧：补间帧为两个关键帧之间的帧，从某种意义上讲，补间帧也是普通帧。

在Flash中，所有帧的表示形式如图2-31所示。其中，第1、25帧为空白关键帧；第5、15帧为关键帧；第5～15帧之间为补间帧；第15～25帧之间的各帧都为普通帧；时间轴上的其他帧都为空帧（空帧指没有内容的帧）。

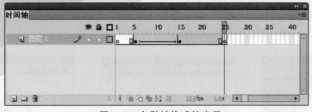

图2-31 各种帧格式的表示

2.各类型帧的区别

（1）关键帧与普通帧

关键帧与普通帧之间的区别如下：

> 从形式上看，有实心圆点或空心圆点的就是关键帧，其他的都是普通帧。

> 从功能上看，关键帧和空白关键帧上都可以添加帧动作脚本，而普通帧上则不能。

> 从特性上看，关键帧可以指定场景中特定的画面，而普通帧没有这种特性。

（2）关键帧与空白关键帧

在时间轴上显示为实心小圆点的为关键帧，而在时间轴上显示为空心小圆点的为空白关键帧。同一图层中在前一个关键帧的后面，若插入关键帧，则可以复制前一关键帧上的内容，并可以对其进行编辑操作；若插入空白关键帧，则清除该帧后面的延续内容，以便于在该帧上添加新的实例对象；若插入普通帧，则延续前一关键帧上的内容，但不可以对其进行编辑操作。

 ### 2.7.2 逐帧动画

所谓逐帧动画（Frame By Frame）是指在"连续的关键帧"中分解动画动作，最后进行连续播放的动画。逐帧动画是一种常见的动画形式，具有很大的灵活性，几乎可以表现任何想要表现的内容。逐帧动画在时间帧上表现为连续出现的关键帧（如图2-32所示），其播放模式类似于电影，适于表现细腻的动画。

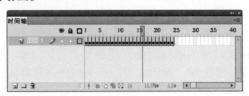

图2-32 逐帧动画时间轴

由于逐帧动画中各帧的内容各不相同，从而增加了一定的工作量，同时也使最终输出的文件体积变大。若要表现一个小熊走路的动作，则需要在关键帧中绘制如图2-33所示的内容。

图2-33 小熊走路动作图解

 ### 2.7.3 运动补间动画

运动补间动画的得名源自于这种动画的动作特点及动作的创建方式，该类动画中的对象可以从起始位置移动到末位置。

运动补间动画的创建方法比较简单，即首先定义所要制作动画对象的起始位置和结束位置，然后让Flash计算该对象的所有补足区间位置，这样就可以创建平滑的动作补间动画。运动补间动画制作完成后，其时间轴显示为如图2-34所示的形式。

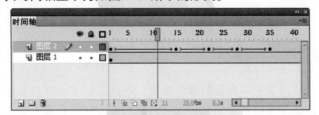

图2-34 运动补间动画时间轴

注意：虽然运动补间动画的实现方法较为简单，但也有一定的限制，包括运动不能发生在多个对象之间；被操作对象必须是在同一层上；被操作对象可以是文字、符号等，但不能是形状。

 ### 2.7.4 形状补间动画

形状补间动画也称为形变动画，是Flash动画中一种比较特殊的过程动画。形状补间动画是一种在两个关键帧之间制作出的形状改变的效果，它可以使一种形状随动画的播放变成另外一种形状，还可以对形状的位置、大小和颜色进行渐变。在形状补间动画的首帧和末帧中，图形可以不具备任何关系，且动画的变形过程也不需要制作者进行控制。若要修改某一帧的图形，则将得到截然不同的动画效果。形状补间动画的时间轴效果如图2-35所示。

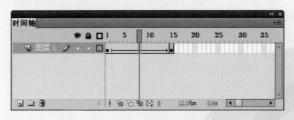

图2-35 形状补间动画时间轴

注意：在制作形状补间动画之前，必须保证前后两个对象是舞台层对象。形状补间动画与运动补间动画的区别是：形状补间动画的制作对象只能是矢量图形对象。对于群组对象、符号和位图图像，则需要先将其分离成矢量图形，然后才可以用于制作形状补间动画。

2.7.5 引导动画

引导动画的实现原理为：首先在运动引导层中绘制路径，然后使运动渐变动画中的对象沿着指定的路径运动。引导动画主要通过引导层创建，其中的路径只作为对象运动时的参考线，在动画播放时并不显示。在一个运动引导层下，可以建立一个或多个被引导层，即一个引导层下可链接多个被引导层。

引导动画常和动作补间动画配合使用，若需要指定某个对象沿着预定的路径播放，则可以使用引导动画实现。引导动画的时间轴效果如图2-36所示。

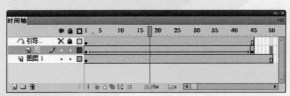

图2-36 引导动画时间轴

2.7.6 遮罩动画

在Flash动画中，若需要显示指定部分的动画内容，则应使用遮罩动画，该类动画是通过遮罩层实现的。

利用遮罩层可以决定被遮罩层中对象的显示情况，在遮罩层中，有对象的地方呈现透明状，即被遮罩层中的对象可以被显示出来。相反，没有对象的地方呈现不透明状，因此，被遮罩层中相应位置的对象将不能被显示出来。遮罩动画的时间轴效果如图2-37所示。

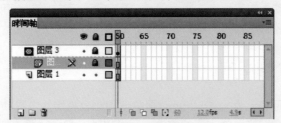

图2-37 遮罩动画时间轴

2.8 动画的后期处理

本节将对Flash动画的后期处理操作进行介绍，内容包括动画的优化目的和方法、动画的导出与发布，以及其他常见的操作等。

2.8.1 优化动画

当Flash的文件很大时，其下载和播放速度就会变得很慢。因此，在导出动画之前，需要对动画文件进行优化处理，以减小Flash动画的体积，提高下载和播放速度。动画优化的主要内容包括对影片大小、元素、文本、色彩、动作脚本的优化等方面。

1.对影片大小的优化

在动画制作过程中，为减少动画文件的大小，常对其进行如下优化。

> 尽量多使用元件：将动画中相同的对象转换为元件后，可以实现只保存一次而使用多次，这样便会大大地减少动画的数据量。

> 尽量使用补间动画：在动画制作过程中，尽量使用外部补间动画，减少逐帧动画的使用，这是因为补间动画的数据量相对于逐帧动画是很小的。

> 尽可能多用矢量图形，少用位图图像：这是因为矢量图比位图的体积要小很多。矢量图可以任意缩放而不影响Flash的画质，位图图像一般只能作为静态元素或背景图。

提示：补间动画中的补间帧是系统计算得到的，而逐帧动画中的补间帧是通过用户添加对象得到的，因此两者的体积差距很大。

2.对元素的优化

对动画中元素和线条的优化，主要包括如下几个方面。

> 对动画中的各元素尽可能实施分层管理。

> 尽可能多采用实线，少用虚线。这是因为实线的线条构图最简单，使用实线会使文件更小。

> 避免过多地导入外部素材，尤其是位图。因为位图会明显地增加动画的体积。

> 尽量将同一对象的各个部分组合在一起形成整体。

> 减少矢量图形的形状复杂程度。

> 尽量使用矢量线条代替矢量色块，这是因为矢量线条的数据量要比矢量色块小。

提示：对于形状的优化，可通过单击"修改"→"形状"→"优化"命令，打开"优化曲线"对话框，从中进行相应的设置，以最大程度地减少用于描述图形轮廓单个线条的数目。

3.对文本和色彩的优化

对文本的优化主要体现在以下几个方面。

> 尽可能少使用嵌入式字体：因为嵌入式字体的使用将会增加影片的大小。

> 避免使用过多类型的字体和字体样式：因为过多的字体和样式，不但增加动画的数据量，而且不宜统一风格。

> 尽量不要将文字分离：文本分离后就变成了图形，从而使文件体积增大。

在Flash文件中，色彩的优化也很重要。一般情况下，Flash动画都需要绚丽多彩的颜色，但颜色越多，文件的体积也就越大。因此，在对作品的效果影响不大时，建议使用单色，减少渐变色的使用。比如填充同样的区域，使用纯色填充要比使用渐变色填充少占用几十字节。

2.8.2　导出动画

在对动画实施优化后，就可以将动画导出到其他应用程序中，从而便于将其应用于网页或多媒体等领域。

在Flash CS5中，导出动画文件的具体操作过程如下。

Step1打开将要导出的Flash动画文件。单击"文件"→"导出"→"导出影片"命令，打开如图2-38所示的对话框。

Step2在"导出影片"对话框中，可以对文件的保存路径、文件名称和保存类型进行设置。常见的文件保存类型如图2-39所示。

Step3设置完成后，单击"保存"按钮即可。

图2-38　"导出影片"对话框

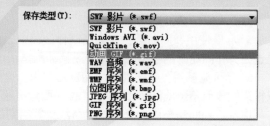

图2-39　常见的文件类型

提示：在导出动画的操作中，除了导出影片外，还可以导出图像。导出图像是指将当前帧的内容保存为静态图像文件。导出图像的操作与导出影片相似，在此不再赘述。

2.8.3　发布动画

在Flash CS5版本中，通常可以将当前的动画发布成多种格式，如Flash影片、HTML网页、GIF图像、JPEG图像、PNG图像、Windows放映文件、Macintosh放映文件等。下面将对发布过程进行简单介绍。

Step1单击"文件"→"发布设置"命令，打开如图2-40所示的对话框。

Step2在"发布设置"对话框中，选择发布的文件格式，指定文件发布的位置，设置各类文件对应的发布参数。如图2-41和图2-42分别为Flash影片和HTML网页参数设置对应的选项卡。

Step3设置完成后，单击"确定"按钮。

Step4单击"文件"→"发布预览"命令，可预览文件的发布效果。

Step5单击"文件"→"发布"命令，即可按照"发布设置"对话框中所设置的参数进行发布。

图2-40 "发布设置"对话框

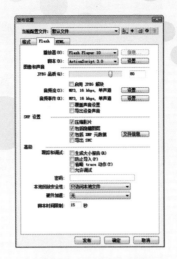

图2-41 Flash影片参数

图2-42 HTML网页参数

读书笔记

第3章

按钮类广告

按钮类广告即图标广告，这是网络广告最早、最常见的形式。通常是一个链接着公司主页或站点的标志，当浏览者单击该标志后，将进入相应的页面。按钮类广告是从Banner演变过来的一种形式。

本章以房地产网站按钮广告和钻石网站按钮广告两个精彩的项目为例，向读者详细介绍企业网站按钮类广告的创意技巧和设计方法。通过对本章两个项目的学习，读者可以制作出优秀的按钮类广告动画。

案例欣赏

IDiam®

全球知名婚戒品牌

拥有正式商标注册证加盟有保障

公开招募 合作伙伴

拥有正式商标注册证加盟有保障

中国房地产网
全新改版

信息更全
功能更强

3.1 领先一步——按钮类广告专业知识

在制作按钮类广告动画前，用户需要了解按钮类广告的设计特点和要求，这样才能在制作按钮类广告动画时，针对目标网站，充分地展现网站的风格和传播价值。下面对按钮类广告动画的特点、设计要求向读者做一个全面的介绍，并展示4个精彩的按钮类广告动画。

3.1.1 按钮类广告的特点

按钮类广告表现为图标广告，通常用来宣传某商标或品牌等特定标志。按钮类广告与标识类广告相似，但所占面积比较小，而且有不同的大小与版面位置可以选择。最早是浏览器网景公司用来提供使用者下载软体之用，后来这样的规格就成为了一种标准。按钮类广告由于尺寸偏小，表现手法较简单，多用于提示性广告，其容量不超过2KB。

根据美国交互广告署（IAB）的标准，按钮类广告通常有4种形式，分别是：
> 125×125(pixels) 方形按钮。
> 120×90(pixels) 按钮。
> 120×60(pixels) 按钮。
> 88×31(pixels) 小按钮。

3.1.2 按钮类广告的设计要求

按钮广告可提供简单明确的资讯，而且其面积大小与版面位置的安排均具有弹性，可以放在相关产品内容的旁边，是广告主建立知名度的一种相当经济的选择。例如，戴尔曾将一个广告按钮放在一份科技类报纸的电脑评论旁边。一般这类按钮不是互动的，当单击这些按钮时会被带到另外一个页面。在设计按钮类广告时，动画需要简洁、明快，一般通过设置文字的变换来引起浏览者的关注。

3.1.3 精彩按钮类广告欣赏

按钮类广告在网络上随处可见，下面介绍房地产按钮广告、新片预告按钮广告、美容产品按钮广告和手机产品按钮广告。

1.房地产按钮广告

图3-1所示的动画是某房地产的宣传广告，以小按钮的形式嵌入在网页中。动画将房地产的开盘时间、精致户型及联系电话逐一展出。

图3-1 房地产按钮广告

2.新片预告按钮广告

在红色和黑色渐变的背景下，随着被炸开似的五角星图形，将新片古惑仔引出，给浏览者一种惊险、刺激和神秘的感觉，如图3-2所示。

图3-2 新片预告按钮广告

3.美容产品按钮广告

图3-3所示的动画是美容产品广告，一开始就以两位身材苗条、气质不凡的美女出场，吸引浏览者的注意。然后通过夸张、动感的广告词，将广告的主体内容表达出来。

图3-3 美容产品按钮广告

4.手机产品按钮广告

图3-4所示的动画是手机产品广告，以红色作为背景颜色，抓住人们的视线。整个动画流畅、明快，文本动画将换购手机的实惠展示出来，吸引人的购买欲望。

图3-4 手机产品按钮广告

3.2 精彩项目1——钻石网站按钮广告

本实例将模拟制作钻石网站按钮广告，动画中暗红色的渐变背景可以营造出神秘、高贵的氛围，将钻石的高贵品质很好地展示出来。动画中灰白色的渐变文字、带有投影的白色和黄色文字，与渐变的暗红色背景产生强烈的对比，将动画的主要内容突出显示。

3.2.1 效果展示——动态效果赏析

本实例制作的是钻石网站按钮广告，动态效果如图3-5所示。

图3-5 钻石网站按钮广告

 3.2.2 设计导航——流程剖析与项目规格

本节主要通过对按钮类广告的规格及效果流程图的展示，让读者先行一步了解"钻石网站按钮广告"动画的一般设计过程及各种按钮类广告的规格，为后面设计按钮广告动画打下基础。

1.项目规格——224像素×90像素（宽×高）

按钮图形尺寸比Banner要小，一般是170×60像素或者120×60像素。由于图形尺寸小，故可以被更灵活地放置在首页、频道、子频道等各级页面的任何位置。根据客户的需求，该按钮广告的尺寸为224像素×90像素，展开图如图3-6所示。

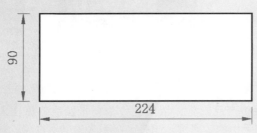

图3-6 规格展开图

2.流程剖析

本案例的制作流程剖析如下。

Step 1 新建文档并创建图层
技术关键点："新建"和"文档属性"命令、新建图层

Step 2 制作背景和矩形条元件
技术关键点：矩形工具、"新建元件"命令

Step 3 制作文本元件并合成动画	Step 4 保存并测试动画
技术关键点：文本工具、滤镜功能、遮罩动画	技术关键点：保存、测试影片

3.2.3 实战步骤1——新建文档并创建图层

新建文档并创建图层的具体操作步骤如下：

Step 1 单击"文件"→"新建"命令，创建一个新的空白的Flash文件。右击舞台区域，在弹出的快捷菜单中选择"文档属性"命令，打开"文档设置"对话框。设置"宽"和"高"分别为224像素和90像素、"背景颜色"为白色，单击"确定"按钮，完成文档的修改，如图3-7所示。

Step 2 在"图层1"的名称上双击，进入编辑状态，输入"背景"并按〈Enter〉键，将"图层1"更名为"背景"图层，如图3-8所示。

图3-7 新建并修改文档

图3-8 重命名图层

Step 3 在时间轴底部单击"新建图层"按钮，新建一个图层，然后重命名为"矩形条"图层。参照此操作，依次新建"钻石"、"文本组合动画"和"按钮"图层，如图3-9所示。

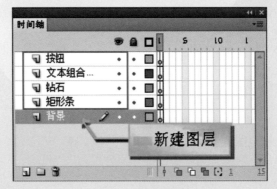

图3-9 新建图层

35

3.2.4　实战步骤2——制作背景和矩形条元件

制作背景和矩形条元件的具体操作步骤如下：

Step 1　按〈Ctrl＋F8〉组合键，弹出"创建新元件"对话框。在"名称"文本框中输入"背景"，单击"确定"按钮，新建一个名为"背景"的图形元件。使用基本矩形工具，在舞台上绘制一个"宽"和"高"分别为224和90的矩形，并设置"填充颜色"为"暗红"（#B50F41），至"黑色"（#000000）的线性渐变，如图3-10所示。

Step 2　新建一个名为"矩形条"的图形元件。使用基本矩形工具，在舞台上绘制一个"宽"和"高"分别为224和27.9的矩形，并设置"填充颜色"为"暗红"（#6E0927），如图3-11所示。

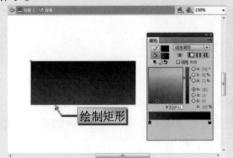

图3-10　绘制渐变矩形　　　　　　　　　　　　　　图3-11　绘制矩形条

Step 3　新建一个名为"矩形块_白色"的图形元件。使用基本矩形工具，在舞台上绘制一个"宽"和"高"分别为150和48的矩形，并设置"填充颜色"为"白色"，如图3-12所示。

Step 4　新建一个名为"矩形块_蓝色"的图形元件。使用基本矩形工具，在舞台上绘制一个"宽"和"高"分别为102.2和27.8的矩形，并设置"填充颜色"为"深蓝色"（#000066），如图3-13所示。

图3-12　绘制矩形　　　　　　　　　　　　　　　图3-13　绘制矩形

 3.2.5　实战步骤3——制作按钮和钻石元件

制作按钮和钻石元件的具体操作步骤如下：

Step 1　新建"按钮"按钮元件。选择"点击"帧，按〈F7〉键，插入关键帧。将"矩形块_白色"元件拖动至舞台，设置"宽"和"高"值分别为224和90，X和Y值均为0，如图3-14所示。

Step 2 新建"钻石"图形元件。单击椭圆工具，分别设置"填充颜色"、"笔触颜色"和"笔触"为无、"黑色"和0.5，然后在舞台绘制一个适当大小的椭圆，使用钢笔工具调整椭圆轮廓的形状，如图3-15所示。

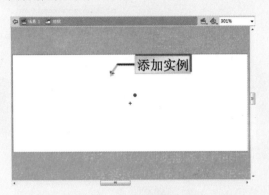

图3-14 添加实例

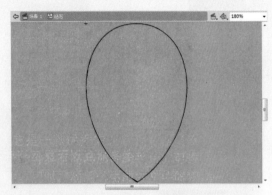

图3-15 绘制并调整椭圆

Step 3 单击工具箱中的线条工具，在椭圆轮廓内绘制相关线条，作为钻石的棱角轮廓，如图3-16所示。

Step 4 使用选择工具选择所有的线条和椭圆轮廓，单击"修改"→"形状"→"将线条转换为填充"命令，将线条转换为填充，如图3-17所示。

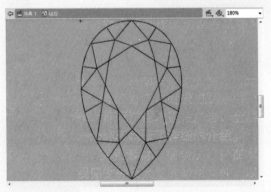

图3-16 绘制钻石的棱角轮廓

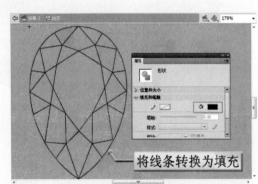

图3-17 将线条转换为填充

小知识

在绘制直线时按住〈Shift〉键，可以绘制水平、垂直或与水平及垂直方向成45°的直线。

🌸 3.2.6 实战步骤4——制作各文本元件

制作各文本元件的具体操作步骤如下：

Step 1 按〈Ctrl＋F8〉组合键，弹出"创建新元件"对话框。在"名称"文本框中输入"文本1"，单击"确定"按钮，新建一个"文本1"图形元件。单击文本工具，设置字体的"系列"、"大小"、"文本（填充）颜色"和"字母间距"分别为Dutch801 Rm BT、30、"灰色"（#CCCCCC）和2，然后在舞台上创建IDiam文本，如图3-18所示。

Step 2 保持文本为选中状态，连续两次按〈Ctrl＋B〉组合键，将文本分离为文本图形，如图3-19所示。

图3-18 创建文本

图3-19 分离文本

Step 3 单击工具箱中的墨水瓶工具，设置"笔触颜色"和"笔触高度"分别为"蓝色"和0.1，在分离后的文本上依次单击。为文本图形描边，然后按〈Delete〉键，删除文本填充，如图3-20所示。

Step 4 新建"图层2"。单击矩形工具，在舞台上绘制一个矩形，将文本图形完全遮盖住，如图3-21所示。

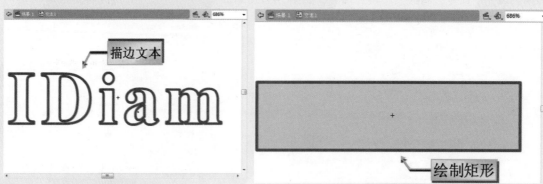

图3-20 描边并删除填充　　　　　　　图3-21 绘制矩形

小知识

为填充区域进行描边处理时，在不选中该填充区域的情况下，无论单击填充区的任何部分，都可为其添加描边效果。反之，如果选中填充区域，则只有单击填充区域的边缘，才能为其添加描边效果。

Step 5 在"颜色"面板中，修改矩形的"填充颜色"为"灰色"（#666666）至"白色"的上下"线性"渐变，如图3-22所示。

Step 6 隐藏"图层2"，单击选择工具，选择"图层1"中的蓝色文本描边，将其剪切。选择并显示"图层2"，将剪切的蓝色描边文本进行粘贴，如图3-23所示。

Step 7 在"图层2"中，删除文本图形外的多余填充图形和蓝色的描边，制作渐变文字，如图3-24所示。

Step 8 选择"图层1"，单击椭圆工具，在m字母的右上角绘制一个"宽度"和"高度"均为8、"笔触颜色"和"笔触高度"分别为"灰色"和1的正圆，如图3-25所示。

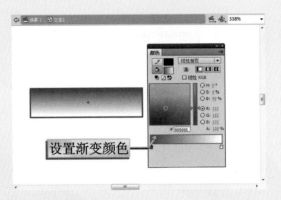

图3-22 制作渐变文字

图3-23 绘制正圆

图3-24 制作渐变文字

图3-25 绘制正圆

Step 9　单击文本工具，在正圆内创建字母R，调整字母的大小和位置，并将其分离为图形，如图3-26所示。

Step 10　新建"文本2"图形元件。单击文本工具，设置字体的"系列"、"大小"、"文本（填充）颜色"和"字母间距"分别为"汉仪综艺体简"、22、"白色"和0，在舞台上创建"全球知名婚戒品牌"文本，如图3-27所示。

图3-26 创建字母

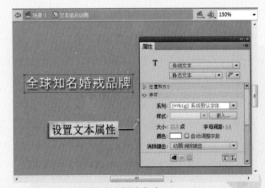

图3-27 创建文本

Step 11　选中刚刚创建的文本，在"属性"面板的"滤镜"区中单击"添加滤镜"按钮，在弹出的快捷菜单中单击"投影"命令，在显示出的选项区域中设置"投影"滤镜的各个参数，如图3-28所示。

Step 12　参照"文本2"图形元件的创建，新建"文本3"图形元件，文本所对应的"系列"、"大小"和"文本（填充）颜色"分别为"黑体"、15和"黄色"，并为文本添加"投影"滤镜，如图3-29所示。

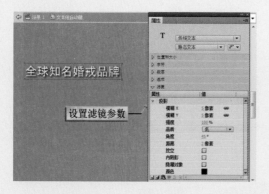

图3-28 添加"投影"滤镜

图3-29 创建"文本3"图形元件

Step 13　参照"文本2"图形元件的创建，新建"文本4"图形元件，文本所对应的"系列"、"大小"和"文本（填充）颜色"分别为"汉仪综艺体简"、22和"白色"，并为文本添加"投影"滤镜，如图3-30所示。

图3-30 创建"文本4"图形元件

灵犀一指

投影滤镜可以使对象产生一种光线照射到物体上的影像效果。通过设置不同的参数（"颜色"、"强度"、"角度"、"距离"等），可以制作出多种投影效果，如挖空、描边等效果。

3.2.7　实战步骤5——制作文本组合元件

制作文本组合元件的具体操作步骤如下：

Step 1　新建"文本组合动画"影片剪辑元件。将"图层1"更名为"文本1A"，将"文本1"元件拖动至舞台，设置X值和Y值分别为46和14.3，如图3-31所示。

Step 2　在"文本1A"图层的第19、20、56、60和61帧插入关键帧，在第71帧插入帧，并在关键帧之间创建传统补间动画，如图3-32所示。

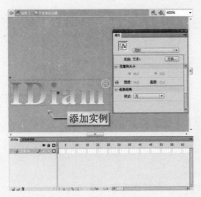

图3-31 添加"文本1"实例

图3-32 创建传统补间动画

Step 3 依次选择"文本1A"图层的第1帧和第19帧所对应的实例，修改Y值分别为40.9和15.7，如图3-33所示。

Step 4 依次选择"文本1A"图层的第60帧和第61帧所对应的实例，修改Alpha值分别为20%和0%，如图3-34所示。

图3-33 修改实例的Y值

图3-34 修改实例的Alpha值

Step 5 新建"遮罩1"图层。将"矩形块_蓝色"元件拖动至舞台，调整其大小和位置，放在文本的上方，如图3-35所示。

Step 6 右击"遮罩1"图层，在弹出的快捷菜单中单击"遮罩层"命令，创建遮罩动画，如图3-36所示。

图3-35 添加"矩形块_蓝色"实例

图3-36 创建遮罩动画

Step 7 参照"文本1A"实例从下往上逐渐出现，然后由清晰逐渐隐退的动画，创建"文本1B"和"遮罩2"图层，制作出"文本1A"实例在垂直翻转后，从上往下逐渐出现，然后由清晰逐渐隐退的动画，如图3-37所示。

Step 8　新建"文本2"图层，在第58帧插入关键帧，将"文本2"元件拖动至舞台，设置X值和Y值分别为-42.7和-8.7，如图3-38所示。

图3-37　制作倒影动画

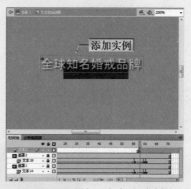

图3-38　添加"文本2"实例

灵犀一指

在步骤7中，"文本1B"和"遮罩2"图层中的动画是制作"文本1"实例的倒影随着"文本1"实例动画而改变。通过为垂直翻转的"文本1"实例添加不同的Alpha值，制作出半透明的倒影效果。

Step 9　在"文本2"图层的第65、66、139和140帧插入关键帧，并在关键帧之间创建传统补间动画。选择第58帧对应的实例，修改Y值为4.3，并设置Alpha值为0%，如图3-39所示。

Step 10　选择"文本2"图层第65帧对应的实例，修改Y值为-7，并设置Alpha值为88%，如图3-40所示。

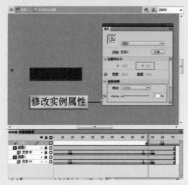

图3-39　修改实例属性

图3-40　修改实例属性

Step 11　选择"文本2"图层第140帧对应的实例，修改X值为-43.7。在第145帧插入关键帧，并创建传统补间动画。选择第145帧对应的实例，设置Alpha值为0%，如图3-41所示。

Step 12　新建"文本3"图层，在第71帧插入关键帧，将"文本3"元件拖动至舞台，设置X值和Y值分别为-62.8和34.5，如图3-42所示。

Step 13　在"文本3"图层的第75、76、140、145和146帧插入关键帧，在第171帧插入帧，并在关键帧之间创建传统补间动画，如图3-43所示。

Step 14　依次选择第71帧和第145帧对应的实例，设置Alpha值均为0%。选择第75帧对应的实例，设置Alpha值为80%，如图3-44所示。

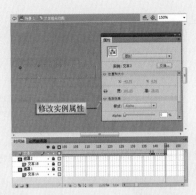

图3-41 修改实例的属性

图3-42 添加"文本3"实例

图3-43 创建传统补间动画

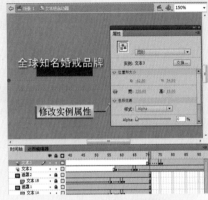

图3-44 设置实例的属性

Step 15　新建"文本4"图层，在第145帧插入关键帧，将"文本4"元件拖动至舞台，设置X值和Y值分别为-47.7和-7.7，如图3-45所示。

Step 16　在"文本4"图层的第150、153、154、155、168和171帧插入关键帧，并在关键帧之间创建传统补间动画，如图3-46所示。

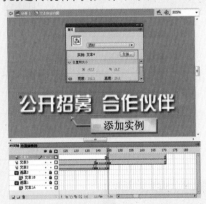

图3-45 添加"文本4"实例

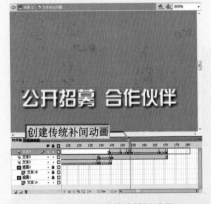

图3-46 创建传统补间动画

Step 17　选择"文本4"图层第145帧对应的实例，修改Y值为-56.7，并设置Alpha值为23%，如图3-47所示。

Step 18　依次选择"文本4"图层第150、153和154帧对应的实例，分别修改Y值为5.3、-11.7和-9.7，如图3-48所示。选择第171帧对应的实例，设置Alpha值为0%。

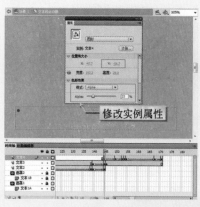
图3-47 修改实例的属性

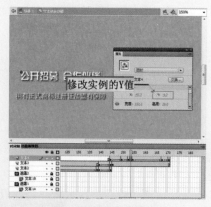
图3-48 修改实例的Y值

3.2.8 实战步骤6——合成主动画

合成主动画的具体操作步骤如下：

Step 1 按〈Ctrl+E〉组合键，返回主场景。选择"背景"图层，将"背景"元件拖动至舞台，设置X值和Y值均为0，如图3-49所示。

Step 2 选择"矩形条"图层，将"矩形条"元件拖动至舞台，设置X值和Y值均为0，如图3-50所示。

图3-49 添加"背景"实例

图3-50 添加"矩形条"实例

Step 3 选择"钻石"图层，将"钻石"元件拖动至舞台，设置X值和Y值分别为31.6和-55，并设置Alpha值为23%，如图3-51所示。

Step 4 选择"文本组合动画"图层，将"文本组合动画"元件拖动至舞台，设置X值和Y值分别为67和34.5，如图3-52所示。

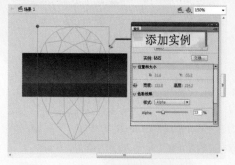
图3-51 添加"钻石"实例

图3-52 添加"文本组合动画"实例

Step 5 选择"按钮"图层,将"按钮"元件拖动至舞台正中央。选择"按钮"实例,并在"动作"面板中输入相应的脚本,以链接到指定的网站。至此完成该广告的制作,保存即可。

3.2.9 案例小结

由于按钮类广告的页面尺寸相对于其他的网络广告形式来说比较大,所以,用户应利用有限的空间来设计广告。在广告未来的发展趋势中,将突出企业文化和经营理念。而在一般的网络广告中就要以突出产品或服务的特点及功能为主,而且在有限的空间内还要表明企业名称、活动时间及活动内容等。

通过本案例的制作过程,可以使用户进一步了解网络广告设计的真谛,并理解在篇幅限制的同时怎样利用有限的资源设计广告,以达到小材大用的最高境界。这样既可以节省广告所占用的资源,又能够达到所要宣传的效果。

3.3 精彩项目2——房地产网站按钮广告

本实例将模拟制作房地产网站按钮广告,动画背景以高彩度的黄色为主,配上动作明快的旋转光束,非常容易抓住浏览者的视线。各文字的动态转换非常有节奏,将企业的名称和要展示的内容全部表达出来。广告中的文本以暗红色和黑色为主,在动态十足的背景画面中给人一种稳定、安静的感觉。

3.3.1 效果展示——动态效果赏析

本实例制作的是房地产网站按钮广告,动态效果如图3-53所示。

图3-53 房地产网站按钮广告

3.3.2 设计导航——流程剖析与项目规格

本节将对房地产广告的制作进行初步规划,并给出设计流程,从而为后面小节的介绍提供一个设计纲要。

1.项目规格——120像素×60像素(宽×高)

根据客户的需求,该按钮广告的尺寸为120像素×60像素,规格展开图如图3-54所示。

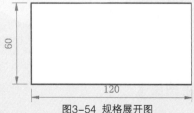

图3-54 规格展开图

2.流程剖析

本案例的制作流程剖析如下。

中国房地产网
全新改版

信息更全
功能更强

Step 1 制作画面1
技术关键点：矩形工具、钢笔工具、文本工具

Step 2 制作画面2
技术关键点：滤镜、"变形"面板、传统补间动画

中国房地产网
www.zghouse.net

中国房地产网

Step 3 制作画面3
技术关键点："属性"面板、高级颜色样式

Step 4 保存并输出动画
技术关键点：保存、测试影片

3.3.3 实战步骤1——制作矩形框和旋转元件

制作矩形框和旋转元件的具体操作步骤如下：

Step 1 新建一个Flash文档并设置其属性。将"图层1"更名为"矩形框"图层，新建"图层2"，并将其重命名为"旋转"图层，用同样的方法，新建图层"文本1A"、"文本2"、"文本3"、"文本4"、"文本1B"和"文本5"图层，如图3-55所示。

Step 2 新建"矩形框"影片剪辑元件，进入元件编辑区，选择工具箱中的矩形工具，设置"矩形边角半径"为3，在舞台上绘制一个"填充颜色"为"黄色"、"宽度"和"高度"分别为120和60的矩形，如图3-56所示。

图3-55 新建图层

图3-56 绘制矩形

Step 3 新建"形状"图形元件。单击钢笔工具，设置"笔触颜色"和"笔触高度"分别为"蓝色"和0.1，在舞台上绘制一个上宽下窄的闭合轮廓，如图3-57所示。

Step 4 选择绘制的闭合轮廓，在"变形"面板中，设置"旋转"值为5，将闭合轮廓旋转。按〈Ctrl+G〉组合键，将闭合轮廓组合，如图3-58所示。

图3-57 绘制闭合轮廓   图3-58 变形并组合闭合轮廓

Step 5 使用任意变形工具选择闭合轮廓，将变形中心点移至变形框水平边的中间处，如3-59所示。

Step 6 保持闭合轮廓为选择状态，单击"窗口"→"变形"命令，打开"变形"面板。单击"重制选区和变形"按钮，设置"旋转"值为30，将闭合轮廓复制并旋转，如图3-60所示。

图3-59 调整变形点的位置   图3-60 重制并变形对象

Step 7 连续单击10次"重制选区和变形"按钮，将闭合轮廓复制并旋转。单击颜料桶工具，设置"填充颜色"为"桔黄色"（#FF9900），为闭合轮廓填充颜色，然后去除蓝色的轮廓，如图3-61所示。

Step 8 新建"旋转"影片剪辑元件。将"形状"元件拖动至舞台，放在舞台的正中央，如图3-62所示。

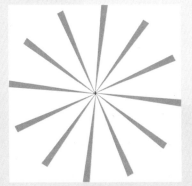

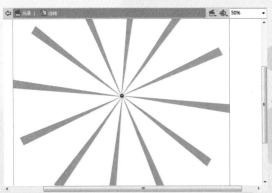

图3-61 填充对象   图3-62 添加"形状"实例

Step 9 在"图层1"的第10帧插入关键帧，右击第1~10帧的任意一帧，在弹出的快捷菜单中单击"创建传统补间"命令，创建传统补间动画，如图3-63所示。

Step 10 选择第10帧对应的实例，在"变形"面板中，设置"旋转"值为60，如图3-64所示。

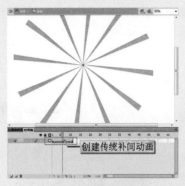

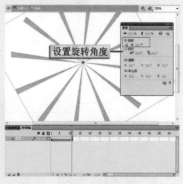

图3-63 创建传统补间动画   图3-64 旋转实例

Step 11 在"图层1"的第31帧插入关键帧，并在第10~31帧之间创建传统补间动画。选择第31帧对应的实例，在"变形"面板中，设置"旋转"值为-177，如图3-65所示。

Step 12 参照此操作，在"图层1"的第32~60帧之间插入相应的关键帧，在各关键帧之间创建传统补间动画，并依次设置实例的旋转角度。其中，第60帧对应实例的"旋转"值为0%，如图3-66所示。

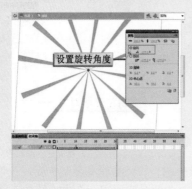

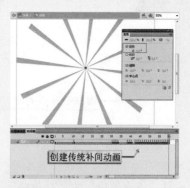

图3-65 旋转实例   图3-66 创建传统补间动画

 ### 3.3.4 实战步骤2——制作主动画1

制作主动画1的具体操作步骤如下：

Step 1 按〈Ctrl + E〉组合键，返回主场景。选择"矩形框"图层，将"矩形框"元件拖动至舞台，放在舞台的正中央，如图3-67所示。

Step 2 选择"矩形框"实例，在"属性"面板的"滤镜"区中单击"添加滤镜"按钮，在弹出的快捷菜单中单击"发光"命令，在显示出的选项区域中设置"发光"滤镜参数，如图3-68所示。

图3-67 添加"矩形框"实例

48

Step 3 　在"矩形框"图层的第9、10帧插入关键帧，在第152帧插入帧，并在第1~9帧之间创建传统补间动画。选择第1帧对应的实例，设置Alpha值为0%，如图3-69所示。

Step 4 　选择"矩形框"第9帧对应的实例，设置Alpha值为80%，如图3-70所示。

图3-68 添加"发光"滤镜

图3-69 创建创建补间动画

图3-70 设置实例的属性

Step 5 　选择"旋转"图层，在第152帧插入帧，将"旋转"元件拖动至舞台正中央，设置"缩放宽度"和"缩放高度"为30%，并设置Alpha值为40%，如图3-71所示。

Step 6 　在"文本1A"图层的第3帧插入空白帧，将"文本1"元件拖动至舞台，设置其大小和位置，如图3-72所示。

图3-71 添加"旋转"实例

图3-72 添加"文本1"实例

Step 7 　在"文本1A"图层的第6、7和40帧插入关键帧，并在各关键帧之间创建传统补间动画。选择第3帧对应的实例，在"变形"面板中，设置"缩放宽度"和"缩放高度"分别为123%和414.8%，如图3-73所示。

Step 8 　选择"文本1A"图层第6帧对应的实例，在"变形"面板中，设置"缩放宽度"和"缩放高度"分别为92.8%和191.7%，如图3-74所示。

Step 9 　选择"文本1A"图层第40帧对应的实例，在"变形"面板中，设置"缩放宽度"和"缩放高度"分别为82.7%和151.8%，如图3-75所示。

Step 10 　在"文本1A"图层的第44和45帧插入关键帧，并在各关键帧之间创建传统补间动画。依次设置第44和45帧对应的Alpha值为20%和0，制作出实例逐渐隐退的动画，如图3-76所示。

图3-73 变形实例

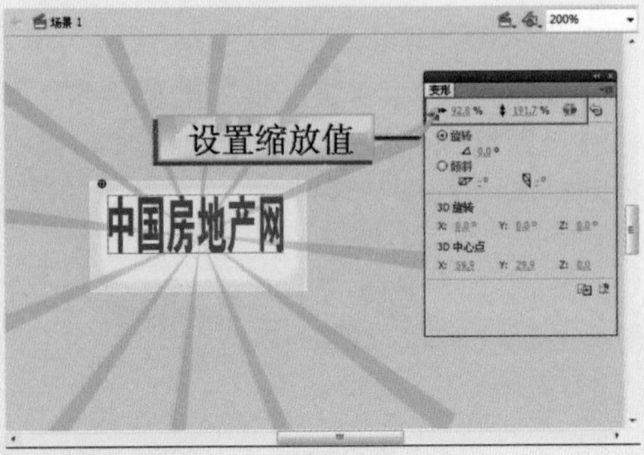

图3-74 变形实例

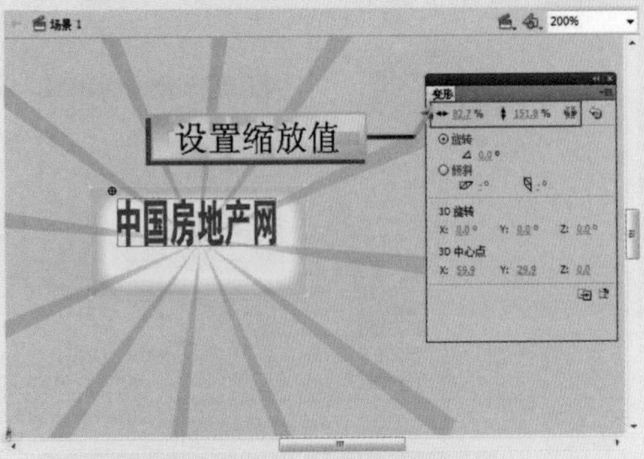

图3-75 变形实例

图3-76 设置实例的属性

Step 11 参照"文本1A"图层中各关键帧的创建，在"文本2"图层中制作相应的动画，如图3-77所示。

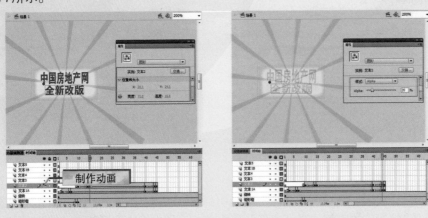

图3-77 制作"文本2"图层中的动画

🐾 **灵犀一指**

在"文本2"图层中，分别设置第10、44和45帧对应实例的Alpha值为0%、20%和0%，制作出"文本2"由透明变清晰再隐退的动画。

3.3.5 实战步骤3——制作主动画2

制作主动画的具体操作步骤如下：

Step 1 在"文本3"图层的第50帧插入空白关键帧，将"文本3"元件拖动至舞台，设置 X值和Y值分别为22.3和5.4，如图3-78所示。

Step 2 在"文本3"图层的第54和55帧插入关键帧，在第84帧插入帧，并在第50~54帧 之间创建传统补间动画。选择第50帧对应的实例，设置"缩放宽度"值和"缩放高度"值均为 322.5%，Alpha值为0%，如图3-79所示。

图3-78 添加"文本3"实例

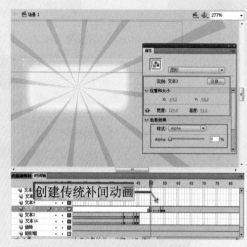

图3-79 创建传统补间动画

Step 3 选择"文本3"图层第54帧对应的实例，设置"缩放宽度"值和"缩放高度"值 均为144.5%，Alpha值为80%，如图3-80所示。

Step 4 参照"文本3"图层中各关键帧的创建，在"文本4"图层中制作出相应的动画， 所对应的实例为"文本4"，如图3-81所示。

图3-80 设置实例的属性

图3-81 设置实例的属性

Step 5 在"文本1B"图层的第85帧插入空白关键帧，将"文本1"元件拖动至舞台，设 置X值和Y值分别为4.5和11.1，并为其添加"高级"颜色样式，如图3-82所示。

Step 6 在"文本1B"图层的第89和90帧插入关键帧，在第152帧插入帧，并在第85帧至 第89帧之间创建传统补间动画。选择第85帧对应的实例，设置Alpha值为0%，如图3-83所示。

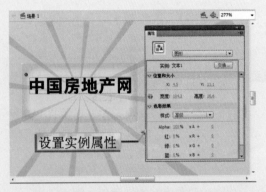

图3-82 设置高级颜色样式样   图3-83 创建传统补间动画

  Step 7 选择"文本1B"图层第89帧对应的实例，设置Alpha值为80%，如图3-84所示。

  Step 8 参照"文本1B"图层中各关键帧的创建，在"文本5"图层中制作出相应的动画，所对应的实例为"文本5"，如图3-85所示。

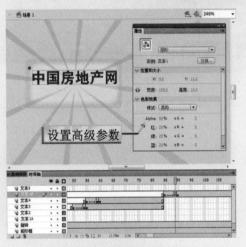

图3-84 设置实例的Alpha值   图3-85 制作"文本5"图层中的动画

  至此，该动画制作完成，最后按〈Ctrl＋S〉组合键保存即可。

3.3.6 案例小结

  由于按钮广告体积小、容量有限，所以用户要想将其置于琳琅满目的各种广告之中而不被埋没，同时又不显得花俏低俗，其造型必须简练、画面设计醒目，版面设计突出而抢眼，在阅读方面简洁明了，在有美感、有特色的同时又和谐统一。

  通过本案例的制作过程，可以了解如何将小范围的广告做大，如何使设计的广告在其他广告中脱颖而出，取得良好的宣传效果。

第4章

标识类广告

标识类广告是指LOGO广告，它需要充分体现该公司的核心理念，并且设计要求动感、活力、简约、大气、高品位、色彩搭配合理，美观，印象深刻。简单地讲，当看到一个LOGO，就是看到了这个品牌。标识广告一般位于网站的左上角，是一种常见的广告形式。

本章以Web国际网站标识广告和美伶化妆品标识广告两个精彩项目为例，向读者介绍详细介绍企业网站标识类广告的创意技巧和设计方法。通过本章两个项目的制作，相信读者可以制作出优秀的标识类广告动画。

案例欣赏

4.1 领先一步——标识类广告专业知识

在制作标识类广告动画前,用户需要了解标识类广告的设计特点和设计要求。这样才能在制作标识类广告动画时,针对目标网站,充分地展现网站的风格和传播价值。下面将对标识类广告动画的特点、设计要求向读者做一个全面的介绍。

4.1.1 标识类广告的特点

LOGO(标识)是互联网上各个网站用来与其他网站链接的图形标志。标识广告的特点有以下3点。

1.标识是与其他网站链接以及让其他网站链接的标志和门户

Internet之所以叫做"互联网",在于各个网站之间可以联接。要让其他人走入你的网站,必须提供一个让其进入的门户。而LOGO图形化的形式,特别是动态的标识广告,比文字形式的链接更能吸引人的注意。在如今争夺眼球的时代,这一点尤为重要。

2.标识广告是网站形象的重要体现

标识是网站的名片,而对于一个追求精美的网站,标识广告更是它的灵魂所在,即所谓的"点睛"之处。

3.标识广告能使受众便于选择

一个好的标识动画往往会反映网站及制作者的某些信息,特别是对一个商业网站来讲,游览者可以从中基本了解到这个网站的类型或者内容。在一个布满各种标识广告的链接页面中,这一点会突出地表现出来。想一想,要想受众在大堆的网站中寻找自己想要的特定内容的网站时,一个能让人轻易看出它所代表的网站类型和内容的标识动画有多重要。

4.1.2 标识类广告的设计要求

为了便于Internet上信息的传播,一个统一的国际标准是必须的。实际上已经有了这样的一整套标准,其中关于网站的LOGO,目前有以下3种规格。

> 88像素×31像素:这是互联网上最普遍的LOGO规格。
> 120像素×60像素:这种规格用于一般大小的LOGO。
> 120像素×90像素:这种规格用于大型LOGO。

一个好的标识广告应具备的条件包括:符合国际标准;精美、独特;与网站的整体风格相融;能够体现网站的类型、内容和风格。

4.1.3 精彩标识类广告欣赏

标识类广告在网络上随处可见,下面介绍酒业网站、松下企业网站和珠宝网站3个精彩的标识广告。

1.酒业网站标识广告

酒文化就是中国的传统文化，中国是礼仪之邦，自古以来就有禧文化和好客文化，由"禧"和"客"两种文化缔造出来的禧客酒，继承中国几千年的禧文化、福文化和好客文化，它们是禧客酒脍炙人口的文化载体。

如图4-1所示的标识动画，以鲜艳、明亮的渐变黄色为主体颜色，明亮的白色在金色的文字上快速划过，给人一种个性独特、趣味无穷的感觉。同时，恰当地使用了强烈的比对颜色，使这种生气勃勃的感觉表现得更为淋漓尽致。

图4-1 酒业网站标识广告

2.松下企业标识广告

如图4-2所示的是松下企业标识广告，动画一开始以可爱的小精灵图像和企业的标识文本显示，通过同色系的绿色树叶图形衬托文字和小精灵，整个动画非常完美。

图4-2 松下企业标识广告

3.珠宝网站标识广告

如图4-3所示的是珠宝网站标识广告，动画以黑色作为背景颜色，形成一种稳重感。在画面中间使用暖色系的金黄色，在黑色和金黄色之间动感十足的发散光束丰富了动画，也增加了画面的空间感。

图4-3 珠宝网站标识广告

 4.2 精彩项目1——Web国际网站标识广告

本实例将模拟制作Web国际网站标识广告，标识中的图形主要以红色与桔红色为主，也就是说整个标识主要以暖色系的配色为主，让人产生一种烈火熊熊燃烧的感觉，与银灰色的图框和黑色的文本形成一种稳重感。整个动画流畅、明快，非常吸引人的眼球。

 4.2.1 效果展示——动态效果赏析

本实例制作的是Web国际网站标识广告，动态效果如图4-4所示。

图4-4 Web国际网站标识广告

 4.2.2 设计导航——流程剖析与项目规格

本节主要通过对标识类广告的规格展示及效果流程图展示，让用户先行一步了解"Web国际网站标识广告"动画的一般设计过程以及各种标识类广告的规格，为后面设计标识类广告打下基础。

1.项目规格——150像素×150像素（宽×高）

标识类广告的规格一般均采用横向式的版面，位于网站的左上角。根据客户的需求，该标识广告的尺寸为150像素×150像素，规格展开图如图4-5所示。

图4-5 规格展开图

2.流程剖析

本案例的制作流程剖析如下。

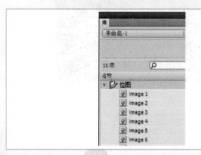

Step 1 导入位图并新建文件夹	Step 2 制作标识动画
技术关键点："导入"命令、新建文件夹	技术关键点：遮罩动画、颜色样式、水平翻转

Step 3 合成动画	Step 4 保存并输出动画
技术关键点："属性"面板、脚本、创建补间动画	技术关键点：保存、测试动画

4.2.3 实战步骤1——导入位图素材

导入位图素材的具体操作步骤如下：

Step 1 新建一个Flash文档，设置其文档属性。其中，"宽"和"高"均为150像素，"背景色"为"白色"，单击"确定"按钮，完成文档的修改，如图4-6所示。

Step 2 单击"文件"→"导入"→"导入到库"命令，打开"导入到库"对话框。选择image文件夹中的所有位图素材，如图4-7所示。

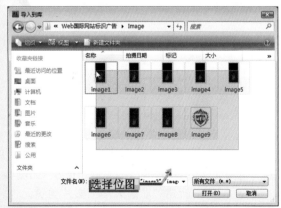

图4-6 修改文档属性　　　　　　　　　　　图4-7 选择位图

Step 3 单击"打开"按钮，将所有的位图导入到当前文档的"库"面板中，如图4-8所示。

Step 4 将所有的位图素材重命名，在"库"面板中单击"新建文件夹"按钮，新建"位图"文件夹，并将所有的位图拖动至该文件夹中，如图4-9所示。

图4-8 导入位图素材

图4-9 新建文件夹并修改位图名称

4.2.4 实战步骤2——制作图标和火焰元件

制作图标和火焰元件的具体操作步骤如下：

Step 1　在"库"面板中，右击"元件9"素材，在弹出的快捷菜单中单击"属性"命令，进入"元件属性"对话框。在"名称"文本框中输入"图标"，将"类型"设置为"影片剪辑"，如图4-10所示，单击"确定"按钮，完成元件类型的转换。

Step 2　按〈Ctrl＋F8〉组合键，弹出"创建新元件"对话框。在"名称"文本框中输入"火焰1"，单击"确定"按钮，新建一个"火焰1"图形元件。将位图文件夹中的image 1位图拖动至舞台，放在舞台的正中央，并将位图分离，如图4-11所示。

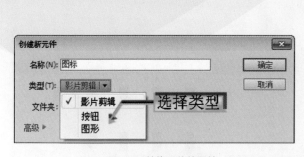

图4-10 转换元件的属性

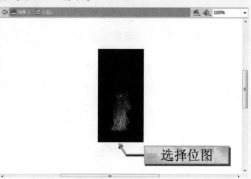

图4-11 添加image 1位图

Step 3　参照上一步的操作，依次新建"火焰2"～"火焰8"图形元件，所对应的对象分别为位图文件夹中的image 2～image 8，如图4-12所示。

Step 4　新建"动态火焰"影片剪辑元件，将"火焰1"元件拖动至舞台，设置X值和Y值均为0，如图4-13所示。

Step 5　选择"图层1"的第4帧，按〈F7〉组合键，插入空白关键帧。将"火焰2"元件拖动至舞台，并设置X值和Y值均为0，如图4-14所示。

Step 6　参照上一步的操作，在"图层1"中依次插入各空白关键帧，并分别将"火焰3"～"火焰8"元件添加至舞台。在"图层1"的第24帧处插入帧，制作出火焰燃烧的动画，如图4-15所示。

图4-12 制作其他火焰元件

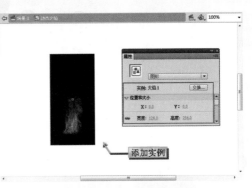

图4-13 添加"火焰1"实例

图4-14 添加"火焰2"实例

图4-15 制作火焰燃烧动画

4.2.5 实战步骤3——制作闪电和遮罩元件

制作闪电和遮罩元件的具体操作步骤如下：

Step 1 按〈Ctrl+F8〉组合键，弹出"创建新元件"对话框。在"名称"文本框中输入"闪电"，单击"确定"按钮，新建一个"闪电"图形元件。单击钢笔工具，设置笔触颜色为"蓝色"，在舞台上绘制一个闪电的轮廓，如图4-16所示。

Step 2 单击颜料桶工具，设置填充颜色为"黄色"（#FFFF00）至"深褐色"（#663300）的线性渐变，并填充闪电轮廓填充，如图4-17所示。

图4-16 绘制闪电轮廓　　　　　　　　　图4-17 填充渐变颜色

Step 3 单击选择工具，选择"蓝色"的轮廓。在"颜色"面板中，设置"笔触颜色"为无，去除轮廓，如图4-18所示。

Step 4 选择刚绘制好的闪电图形，按〈Ctrl+D〉组合键，复制图形。将复制的图形剪切，新建图层2，粘贴闪电图形，并调整其位置，如图4-19所示。

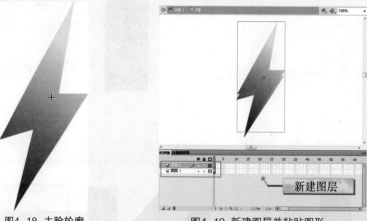

图4-18 去除轮廓 　　　　　　　　图4-19 新建图层并粘贴图形

Step 5 选择"图层2"中的图形，在"颜色"面板中，修改"渐变颜色"分别为"蓝色"（#699BFF）至"白色"，如图4-20所示。

Step 6 新建"遮罩图形"图形元件，将"图标"元件拖动至舞台，如图4-21所示。

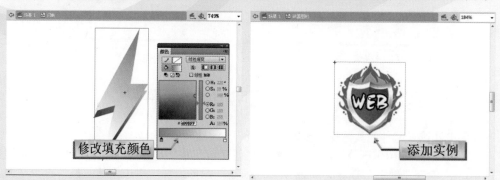

图4-20 修改图形颜色 　　　　　　　　图4-21 添加"图标"实例

Step 7 新建"图层2"，使用钢笔工具，将图标上的灰白轮廓勾勒出来。使用刷子工具，在图标上绘制图形将其全部遮盖住，并删除图标上灰白轮廓区域的填充图形和轮廓，如图4-22所示。

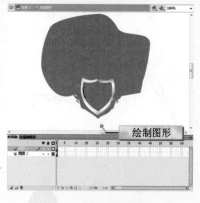

图4-22 绘制遮盖图形 　　　　　　　　图4-23 删除"图层1"

Step 8 选择"图层1",单击"删除"按钮 🗑 ,删除该图层。至此,完成"遮罩图形"图形元件的制作,如图4-23所示。

4.2.6 实战步骤4——制作按钮和文本元件

制作按钮和文本元件的具体操作步骤如下:

Step 1 按〈Ctrl+F8〉组合键,弹出"创建新元件"对话框。在"名称"文本框中输入"按钮",单击"确定"按钮,新建一个"按钮"按钮元件。选择"点击"帧,按〈F7〉键,插入空白关键帧。使用矩形工具,在舞台上绘制一个"宽"和"高"均为150的矩形,如图4-24所示。

Step 2 新建"文本1"图形元件,使用文本工具,在舞台上创建"Web国际"文本。在"属性"面板中,分别设置文本的"系列"、"大小"、"文本(填充)颜色"为"方正胖头鱼简体"、18和"红色",如图4-25所示。

图4-24 创建按钮元件

图4-25 创建文本

Step 3 复制刚刚创建的"文本1",新建"图层2",并将复制的文本在原位置粘贴,将"图层2"锁定。修改"图层1"中文本的"文本(填充)颜色"为"灰色",并将文本向左下角移动一小段距离,如图4-26所示。

Step 4 新建"文本2"图形元件。使用文本工具,在舞台上创建"我们拒绝平庸 用灵魂来设计!"文本。在属性面板中,分别设置文本的"系列"、"大小"、"文本(填充)颜色"为"叶根友疾风草书"、11和"黑色",如图4-27所示。

图4-26 粘贴文本

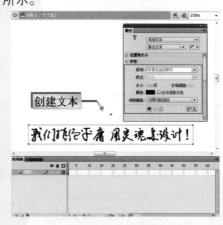

图4-27 创建文本

Step 5　复制刚创建的"文本2"，新建"图层2"，并将复制的文本在原位置粘贴，将图层2锁定，修改图层1中所对应文本的（填充）颜色为"灰色"，并将文本向左下角移动一小段距离。

4.2.7　实战步骤5——制作标识动画

制作标识动画的具体操作步骤如下：

Step 1　单击"插入"→"新建元件"命令，新建"标识组合"影片剪辑元件，将库中的"图标"元件拖动至舞台，如图4-28所示。

Step 2　在"图层1"的第14帧插入帧，新建图层2，将库中的"动态火焰"元件拖动至舞台，放在"图标"实例的上面，如图4-29所示。

图4-28　添加"图标"实例

图4-29　添加"动态火焰"实例

Step 3　新建"图层3"，将库中的"遮罩图形"元件拖动至舞台，放在"图标"实例的正上方，如图4-30所示。

Step 4　右击"图层3"，在弹出的快捷菜单中单击"遮罩层"命令，创建遮罩动画，如图4-31所示。

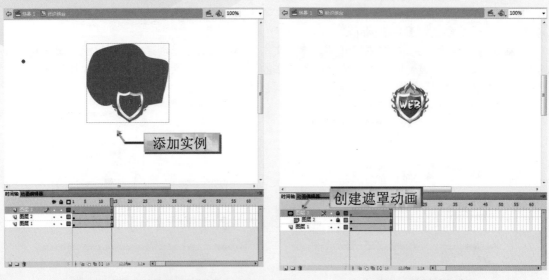

图4-30　添加"遮罩图形"实例　　　　　　　　　图4-31　创建遮罩动画

Step 5　新建"标识动画"影片剪辑元件，将"标识组合"元件拖动到场景中，设置X值和

Y值均为0，并在该图层的第75帧插入帧，如图4-32所示。

Step 6 在第4帧和第7帧插入关键帧，更改第1帧中对象的Alpha值为0%，更改第4帧中对象的"色调"为"白色"、"色彩数量"为100%，如图4-33所示。

图4-32 添加"标识组合"实例

图4-33 添加色调颜色样式

Step 7 在"图层1"第1~4帧、第4~7帧之间创建传统补间动画，然后在第75帧插入普通帧，如图4-34所示。

Step 8 新建4个图层，将"图层2"拖放到最底部，在"图层2"的第11帧插入关键帧。将"标识组合"元件拖动至舞台中，设置X值和Y值分别为-124.7和48.55，如图4-35所示。

图4-34 插入帧

图4-35 创建图层并添加实例

Step 9 在图层2的第15帧插入关键帧，并在该图层的第11~15帧之间创建传统补间动画。修改第15帧对应实例的X值和Y值分别为0和-8.95，如图4-36所示。

图4-36 创建传统补间动画

图4-37 水平翻转实例

Step 10   选择"图层2"第11帧中的对象,单击"修改"→"变形"→"水平翻转"命令,将其水平翻转,如图4-37所示。

Step 11   在"图层3"的第18帧插入关键帧,将库中的"闪电"元件拖动至舞台,放置在"标识组合"实例的下方,如图4-38所示。

Step 12   在"图层4"的第32帧插入关键帧,使用矩形工具,在舞台上绘制一个"宽"和"高"分别为37和92、"填充颜色"为"金黄色"(#CC9900)的矩形条,如图4-39所示。

图4-38 添加"闪电"实例   图4-39 绘制矩形条

Step 13   选择刚绘制的矩形条,在"变形"面板中设置其"旋转"值为25,并放置在"闪电"实例的右上角,如图4-40所示。

Step 14   在"图层4"的第36帧插入关键帧,将该帧对应的实例向右下角移动,并将"闪电"实例完全遮盖住,如图4-41所示。

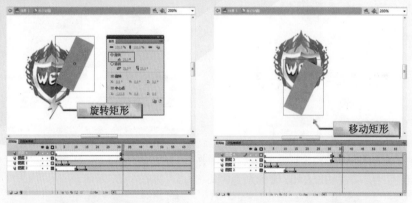

图4-40 旋转矩形条   图4-41 调整矩形条的位置

Step 15   在"图层4"的第32~36帧间创建传统补间动画。右击该图层,在弹出的快捷菜单中单击"遮罩层"命令,创建遮罩动画。

4.2.8 实战步骤6——合成Web国际标识动画

合成Web国际标识动画的具体操作步骤如下:

Step 1   按〈Ctrl+E〉组合键,返回主场景。将"标识动画"元件拖动至舞台,设置X值和Y值分别为83和42.5,如图4-42所示。

Step 2   在"图层1"的第75帧插入帧。新建"图层2",在该图层的第40帧插入空白关键帧。将"文本1"元件拖动至舞台，设置X值和Y值分别为75和98，如图4-43所示。

图4-42 添加"标识动画"实例

图4-43 添加"文本1"实例

Step 3 在"图层2"的第43帧插入关键帧，并在第40～43帧之间创建传统补间动画。选择第40帧对应的实例，修改X值为193（即向右移动实例），如图4-44所示。

Step 4 新建"图层3"，在该图层的第45帧插入空白关键帧。将"文本2"元件拖动至舞台，设置X值和Y值分别为75和113.05，如图4-45所示。

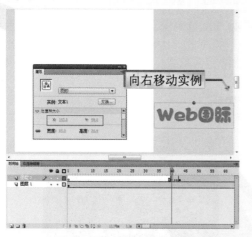

图4-44 向右移动实例

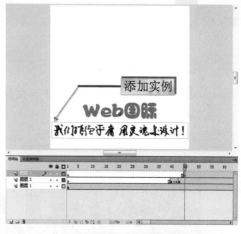

图4-45 添加"文本2"实例

Step 5 在"图层"3的第48帧插入关键帧，并在第45～48帧之间创建传统补间动画。选择第45帧对应的实例，修改X值和Y值分别为62.55和146.05，如图4-46所示。

图4-46 修改实例的位置

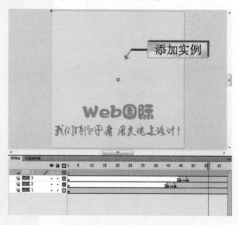

图4-47 添加"按钮"实例

65

Step 6　新建"图层4",将"按钮"元件拖动至舞台,将其放在舞台的正中央,如图
4-47所示。选择"按钮"实例,在"动作"面板中输入相应的链接脚本。

至此,完成该动画的制作,保存并测试该动画。

4.2.9　案例小结

标识类广告是最为简单、直观的网络广告,它可以起到说明与宣传公司形象的目的。一般来
讲,要根据其放置的环境选择制作材料和设计方案。通常置于明显的位置,直接表达企业的服务
和理念,给浏览者留下深刻的印象。但在制作标识广告时,一定要注意泾渭分明,其周围环境或
陪衬物一般不要使用太鲜明的颜色,以免喧宾夺主。

通过本案例的制作过程,读者不仅了解了在制作网站标志时如何搭配颜色,还了解到如何才
能够使广告的主题更加突出,以便浏览者能够了解该广告要宣传的主题。

4.3　精彩项目2——美伶化妆品标识广告

本实例将模拟制作美伶化妆品标识广告,动画以渐变色的深红色作为背景颜色,配上金色的
文本,营造出沉静、优雅的氛围,并且给人一种华丽的感觉。动感醒目的广告语,以及非常有创
意的文本形式——将字母"g"变形后制作动画,非常完美和谐。

4.3.1　效果展示——动态效果赏析

本实例制作的是美伶化妆品标识广告,动态效果如图4-48所示。

图4-48　美伶化妆品标识广告

4.3.2　设计导航——流程剖析与项目规格

本节主要通过对标识类广告的规格展示以及效果流程图展示,让用户先行一步了解"美伶化
妆品标识广告"动画的一般设计过程以及各种标识类广告的规格,为后面设计标识类广告打下基
础。

1.项目规格——250像素×140像素（宽×高）

根据客户的需求,该标识广告的尺寸为250像素×140像素,规格展开图如图4-49所示。

图4-49 规格展开图

2.流程剖析

本案例的制作流程剖析如下。

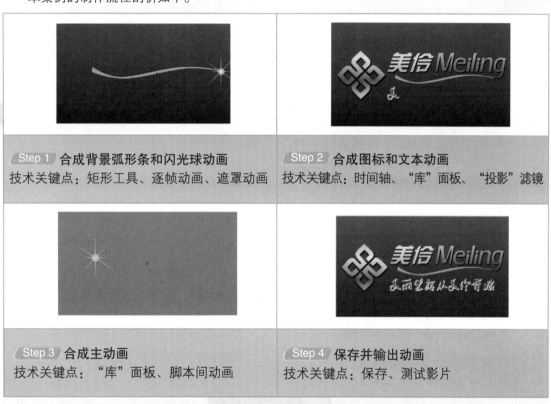

Step 1 合成背景弧形条和闪光球动画
技术关键点：矩形工具、逐帧动画、遮罩动画

Step 2 合成图标和文本动画
技术关键点：时间轴、"库"面板、"投影"滤镜

Step 3 合成主动画
技术关键点："库"面板、脚本间动画

Step 4 保存并输出动画
技术关键点：保存、测试影片

4.3.3 实战步骤1——新建文档并导入元件素材

新建文档并导入元件素材的具体操作步骤如下：

Step 1 新建文档并设置其属性，其中，"宽"和"高"分别为250和140。单击"文件"→"导入"→"打开外部库"命令，打开"作为库打开"对话框。选择路径，打开"库-元件素材"外部库，如图4-50所示。

Step 2 选择外部库中的所有元素，直接拖动到当前文档所对应的"库"面板中，如图4-51所示。

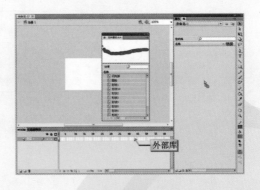

图4-50 打开的外部库　　　　　　　图4-51 将元件拖动到当前"库"面板

4.3.4　实战步骤2——制作弧形和渐变条元件

制作弧形和渐变条元件的具体操作步骤如下：

Step 1　按〈Ctrl + F8〉组合键，弹出"创建新元件"对话框。在"名称"文本框中输入"弧形条"，单击"确定"按钮，新建一个"弧形条"图形元件。单击钢笔工具，设置"笔触颜色"为"蓝色"，在舞台上绘制一个弧形轮廓，如图4-52所示。单击颜料桶工具，设置填充颜色为"桔黄色"（#FAA619），为弧形轮廓填充，如图4-53所示。

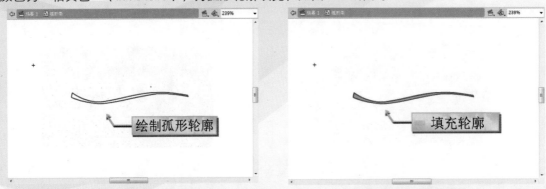

图4-52 绘制弧形轮廓　　　　　　　　　图4-53 填充轮廓

Step 2　使用选择工具选中蓝色的轮廓，按〈Delete〉键将其删除，如图4-54所示。按〈Ctrl+F8〉组合键，新建一个"渐变条"图形元件，在舞台上绘制一个"宽"和"高"分别为45.6和93.1的矩形，如图4-55所示。

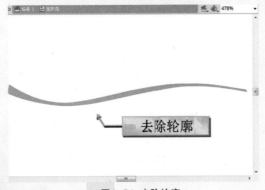

图4-54 去除轮廓　　　　　　　　　　图4-55 绘制矩形

Step 3　单击颜料桶工具，在"颜色"面板中设置填充色为"白色"、"深灰色"（#333333）、"灰色"（#666666）、"黑色"至"白色"的线性渐变，如图4-56所示。

Step 4　将颜料桶移至舞台的矩形上，单击鼠标左键，填充渐变颜色。使用渐变变形工具，调整渐变，将渐变变形框旋转90°，并调整渐变扩展的范围，如图4-57所示。

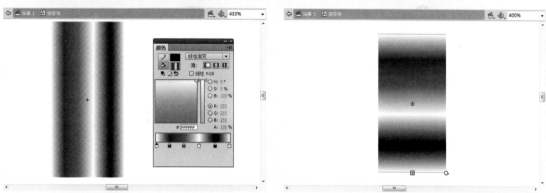

图4-56 填充线性渐变颜色　　　　　　　　　图4-57 调整渐变角度和范围

4.3.5　实战步骤3——制作广告语元件

制作广告语元件的具体操作步骤如下：

Step 1　新建"广告语"影片剪辑元件。单击文本工具，在"属性"面板中设置字体的属性，在舞台正中央创建"美丽生活从美伶开始"文本，如图4-58所示。

Step 2　保持文本为选中状态，按〈Ctrl+B〉组合键，将文本分离为单个文字，如图4-59所示。

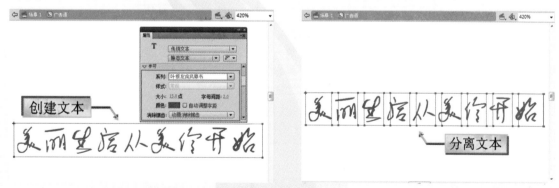

图4-58 创建文本　　　　　　　　　　　　图4-59 分离文本块

Step 3　使用选择工具选中所有的文本实例并右击，在弹出的快捷菜单中单击"分散到图层"命令，如图4-60所示。

Step 4　完成"分散到图层"命令的执行，将各文本实例分散到相应的图层。选择"图层1"，单击"删除"按钮 🗑，删除图层，如图4-61所示。

Step 5　在"美"图层的第5帧、第10帧插入关键帧，在所有图层的第39帧插入帧，选择"美"中第5帧对应的实例，按住〈Shift〉键，连续10次按下键盘上的〈↑〉键，将其垂直向上移动一小段距离，如图4-62所示。

Step 6　在"美"图层的第1~5帧、第5~10帧之间创建传统补间动画，如图4-63所示。

图4-60 选择命令

图4-61 分散到图层

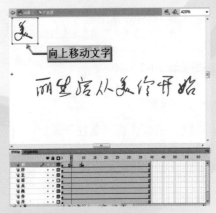

图4-62 向上移动文字

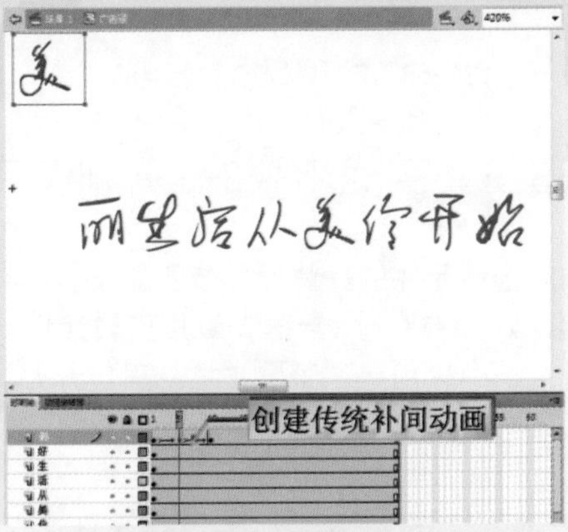

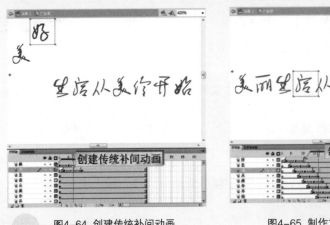

图4-63 创建传统补间动画

Step 7　拖动"丽"图层的第1帧，将其放在第3帧。参照"美"图层中各关键帧的创建，在"丽"图层中创建相应的关键帧，并调整实例的位置，如图4-64所示。

Step 8　参照"丽"图层中各关键帧的创建，在其他图层上创建相应的关键帧，并调整实例的位置，制作出文字飘动出现的动画，如图4-65所示。

图4-64 创建传统补间动画

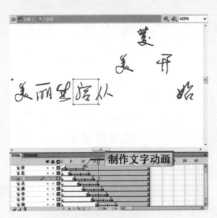

图4-65 制作文字飘动动画

4.3.6 实战步骤4——制作文本和图标元件

制作文本和图标元件的具体操作步骤如下：

Step 1 按〈Ctrl＋F8〉组合键，弹出"创建新元件"对话框，新建一个名为"美伶"的影片剪辑元件。单击文本工具，设置字体的"系列"、"大小"、"文本（填充）颜色"和"字母间距"分别为"方正综艺简体"、30、"黑色"和0，在舞台上创建"美伶"文本，如图4-66所示。

Step 2 使用选择工具选中刚刚创建的文本，在"变形"面板中，设置"水平倾斜"值为20。保持文本为选中状态，连续两次按〈Ctrl＋B〉组合键，将文本分离为文本图形，如图4-67所示。

图4-66 创建文本　　　　　　　　　　图4-67 倾斜并分离文本为图形

Step 3 单击墨水瓶工具，设置"笔触颜色"和"笔触高度"分别为"白色"和1，在分离后的文本上依次单击，为文本图形描边，如图4-68所示。

Step 4 新建"图层2"，在舞台上绘制一个矩形块将文本图形完全遮盖住，如图4-69所示。

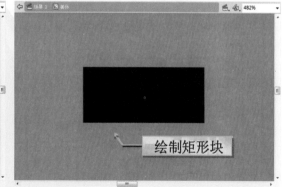

图4-68 描边文本图形　　　　　　　　图4-69 绘制矩形块

Step 5 在"颜色"面板中，修改矩形的"填充颜色"为"金黄色"（#FFAF19）至"黄色"（#FFFF19）的"线性"渐变，如图4-70所示。

Step 6 隐藏"图层2"，单击选择工具，选择"图层1"中的白色文本描边，将其剪切，选择并显示"图层2"，将剪切的白色描边文本进行粘贴，如图4-71所示。

Step 7 在"图层2"中，删除文本图形外的多余填充图形和白色的描边，制作渐变文字，如图4-72所示。

Step 8 选择"图层1"中的黑色文本填充图形，将其向右下角移动一小段距离，制作出渐变文字的阴影效果，如图4-73所示。

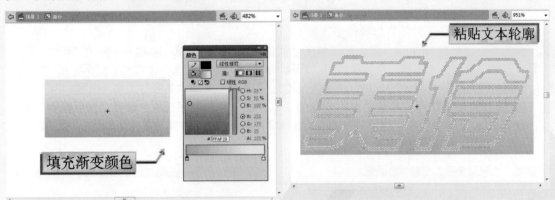

图4-70 填充渐变颜色　　　　　　　　　　图4-71 粘贴白色轮廓

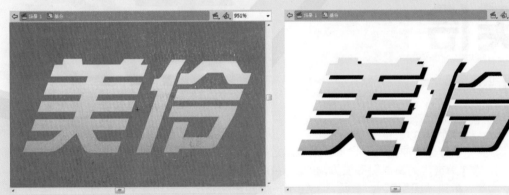

图4-72 制作渐变文字　　　　　　　　　　图4-73 制作阴影效果

Step 9　参照"美伶"影片剪辑元件的创建，创建"字母"影片剪辑元件，字母文本所对应的"填充颜色"为"深红色"（#D31E19）至"桔黄色"（#FFCC00）的"线性"渐变，如图4-74所示。

Step 10　新建"图标闪"影片剪辑元件，在元件编辑区中新建"图层2"和"图层3"，并在所有图层的第20帧插入帧，如图4-75所示。

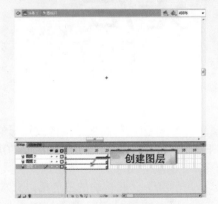

图4-74 创建"字母"影片剪辑元件　　　　图4-75 创建图层并插入帧

Step 11　选择"图层2"，将"图标"元件拖曳至舞台，放在舞台的中央，如图4-76所示。

Step 12 复制"图标"实例。选中"图层3"的第1帧,单击"编辑"→"粘贴到当前位置"命令,粘贴实例,并在"属性"面板中设置其"样式"为Alpha、Alpha为50%,如图4-77所示。

图4-76 添加"图标"实例

图4-77 修改实例的Alpha值

Step 13 选择"图层1",将"渐变条"元件拖动至舞台,并调整实例的位置,如图4-78所示。

Step 14 选择"图层1"的第20帧,将其转换为关键帧,并将实例垂直向下移动一段距离,如图4-79所示。

图4-78 添加"渐变条"实例

图4-79 垂直向下移动实例

Step 15 在"图层2"的第1~20帧之间创建传统补间动画,右击"图层2",在弹出的快捷菜单中单击"遮罩层"命令,创建遮罩动画。

4.3.7 实战步骤5——合成背景弧形条和闪光球动画

合成背景弧形条和闪光球动画的具体操作步骤如下:

Step 1 按〈Ctrl+F8〉组合键,弹出"创建新元件"对话框,新建一个名为"主动画"的影片剪辑元件,将"图层1"更名为"背景"。单击矩形工具,在舞台上绘制一个"宽"和"高"分别为250和140的矩形,并设置其"填充颜色"为"深褐色"(#4B0101)至"深红色"(#CA0202)的"线性"渐变,如图4-80所示。

Step 2 新建"弧形条"图层,将"弧形条"元件拖动至舞台,并调整实例的大小和位置,如图4-81所示。

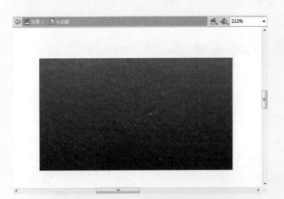

图4-80 绘制渐变矩形块

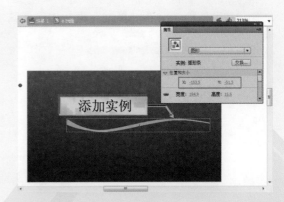

图4-81 添加"弧形条"实例

Step 3　在"弧形条"图层的第10帧插入帧，新建"形状"图层，将"库"面板中的"形状1"元件拖曳至舞台，设置X值和Y值分别为–101.5和–22.5，如图4-82所示。

Step 4　在"形状"图层的第2帧插入空白关键帧，将"库"面板中的"形状2"元件拖动至舞台，设置X值和Y值分别为–101.5和–22.5，如图4-83所示。

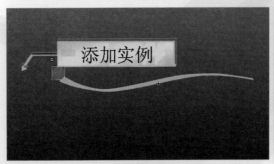

图4-82 添加"形状1"实例

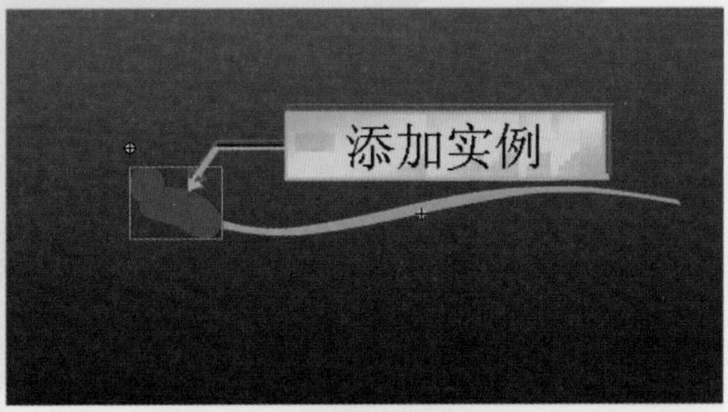

图4-83 添加"形状2"实例

Step 5　参照上一步骤的操作，依次在"形状"图层的第3~10帧插入空白关键帧。将"库"面板中的"形状3"~"形状10"元件分别拖动至舞台，并调整实例的位置，制作逐帧动画，如图4-84所示。

Step 6　右击"形状"图层，在弹出的快捷菜单中单击"遮罩层"命令，创建遮罩动画，如图4-85所示。

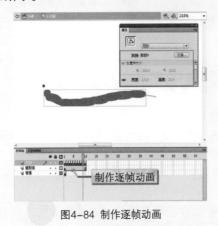

图4-84 制作逐帧动画

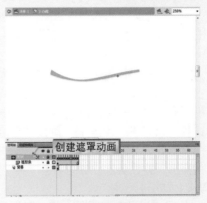

图4-85 创建遮罩动画

Step 7　在"背景"图层的第105帧插入帧，新建"闪光球和弧形条"图层，并将其拖动至图层的最上方，如图4-86所示。

Step 8　将"闪光球"元件拖动至舞台，在"变形"面板中，设置"缩放宽度"值和"缩放高度"值均为16.2%，并调整实例的位置，如图4-87所示。

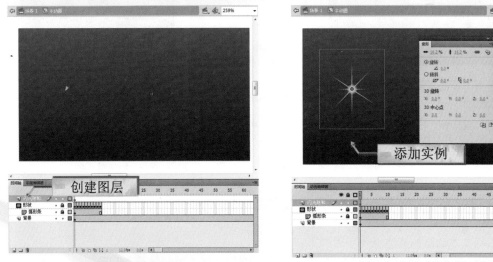

图4-86 创建图层　　　　　　　　　　　　　　图4-87 添加"闪光球"实例

Step 9　在"闪光球和弧形条"图层的第2~10帧之间插入相应的关键帧，并在各关键帧之间创建传统补间动画，如图4-88所示。

Step 10　选择"闪光球和弧形条"图层的第2帧，在"变形"面板中，设置"旋转"值为80.2，并调整实例的位置，如图4-89所示。

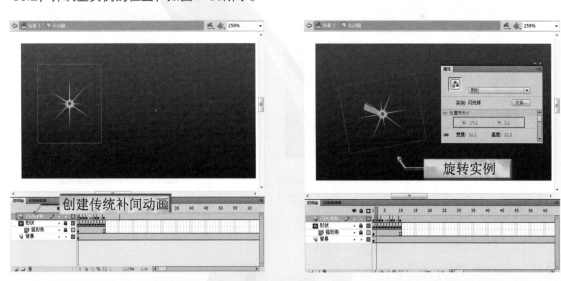

图4-88 创建传统补间动画　　　　　　　　　　图4-89 旋转实例并改变实例的位置

Step 11　参照上一步的操作，依次调整"闪光球和弧形条"图层中其他关键帧所对应实例的"旋转"值和位置，制作出"闪光球"从左向右沿着弧形条运动的动画，如图4-90所示。

Step 12　在"闪光球和弧形条"图层的第11帧插入空白关键帧，将"弧形条"元件拖动至舞台，并调整实例的位置，如图4-91所示。

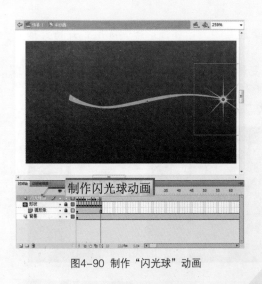

图4-90 制作"闪光球"动画

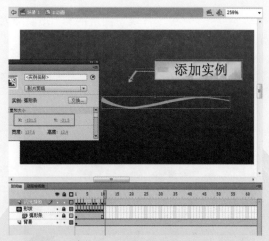

图4-91 添加"弧形条"实例

 4.3.8 实战步骤6——制作图标文本动画

制作图标文本动画的具体操作步骤如下：

Step 1 在"形状"图层上创建"图标"图层，在该图层的第11帧插入空白关键帧，将"图标闪"元件拖动至舞台，并调整实例的位置，如图4-92所示。

Step 2 保持"图标闪"实例为选择状态，在"属性"面板的"滤镜"区单击"添加滤镜"按钮，在弹出的快捷菜单中单击"投影"命令，如图4-93所示。

图4-92 添加"图标闪"实例　　　　　　图4-93 选择命令

Step 3 然后在参数区中设置"模糊X"值和"模糊Y"值均为1、"滤镜强度"值为1000%、"模糊质量"为"高"、"滤镜距离"为1、"阴影颜色"为"黑色"，如图4-94所示。

Step 4 在"形状"图层上创建"美伶"图层，在该图层的第11帧插入空白关键帧，将"美伶"元件拖动至舞台，并调整实例的位置，如图4-95所示。

Step 5 在"美伶"图层的第19和20帧插入关键帧，并在第11~19帧之间创建传统补间动画。选择第11帧对应的实例，在"变形"面板中，设置"缩放宽度"值和"缩放高度"值均为

225%。在"属性"面板中,设置Alpha值为0%,如图4-96所示。

Step 6 选择"美伶"图层第19帧对应的实例,在"变形"面板中,设置"缩放宽度"值和"缩放高度"值均为114%。在"属性"面板中,设置Alpha值为90%,如图4-97所示。

图4-94 添加"投影"滤镜

图4-95 添加"美伶"实例

图4-96 修改实例的属性

图4-97 修改实例的属性

Step 7 参照"美伶"图层中关键帧的创建,在"背景"图层的上方创建"字母"图层,并在该图层的第20~29帧之间创建"字母"实例由大变小、由透明变清晰的动画,如图4-98所示。

Step 8 在"图标"图层上创建"广告语"图层,在该图层的第30帧插入空白关键帧。将"广告语"元件拖动至舞台,放置在弧形条的左下端,并为其添加"阴影颜色"为"白色"的"投影"滤镜,如图4-99所示。

图4-98 创建"字母"图层及动画

图4-99 添加"广告语"实例

4.3.9 实战步骤7——合成、保存并输出动画

合成、保存并输出影片的具体操作步骤如下：

Step 1 按〈Ctrl+E〉组合键，返回主场景。将"主动画"元件拖动至舞台，放在舞台的正中央，如图4-100所示。

Step 2 打开"Web国际网站标识广告.fla"文档，选择并复制"图层4"的"按钮"实例。在当前文档中新建"图层2"，将"按钮"实例进行粘贴，如图4-101所示。

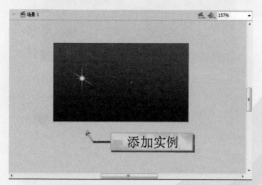

图4-100 添加"主动画"实例

图4-101 粘贴"按钮"实例

Step 3 保持实例为选中状态，在"对齐"面板中单击"匹配宽和高"按钮，将实例与当前文档的宽和高相匹配，并放置在舞台的正中央。

Step 4 选择"按钮"实例，在其"动作"面板中输入相应的链接脚本。

至此，完成该动画的制作，保存并按〈Ctrl+Enter〉组合键测试动画效果。

4.3.10 案例小结

一个企业创出优秀的、在市场有影响的品牌，必须具有科学的市场调研和准确的市场定位，卓越的质量体系和完善的售后服务。在做好这些基础性工作以后，还要抓好品牌的维护、创新、延伸、发展，使单项品牌经过凝聚、提炼，升华为整个企业长久性品牌。了解这一点，可以使用户在设计广告时，抓住广告的这些特性制作影响力非常长远的广告作品。色彩是视觉表达的第一媒介，一般而言，首饰和化装品有其专有的色彩，例如本案例设计的美伶化妆品标识广告。

通过本案例的设计过程可以了解到，对于不同的商品应该怎样进行颜色搭配才能够体现其本色，使读者可以在以后的广告设计中，将对象的本质了解清楚，并从容地为其制定配色方案。

第5章

横幅类广告

横幅类广告又称旗帜广告，通常横向出现在网页中，最常见的尺寸是468像素×60像素和468像素×80像素，目前还有728像素x90像素的大尺寸型。是网络广告出现比较早的一种广告形式。以往以JPG或者GIF格式为主，伴随网络的发展，SWF格式的旗帜广告也比较常见了。

本章以基金网站横幅广告和游戏网站横幅广告两个精彩的项目为例，向读者介绍企业网站横幅类广告的创意技巧和设计方法。通过本章两个项目的制作，相信读者可以制作出优秀的横幅类广告动画。

案例欣赏

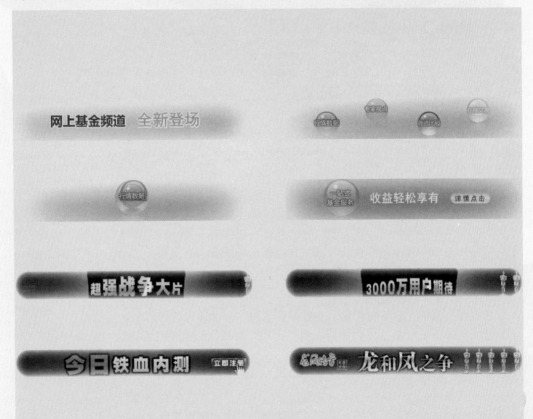

5.1 领先一步——横幅类广告专业知识

本节将对横幅类广告动画的设计特点及要求进行介绍，以满足读者的基本要求，进而做到有针对性的创作。

5.1.1 横幅类广告的特点

横幅类广告以GIF、JPG等格式建立图像文件，放在网页中，大多放在网页的最上面或最下面。根据统计结果，这是互联网上最流行的广告方式，约占所有互联网广告的60%。横幅广告通常会写上公司的名称，一段简短的信息或吸引用户浏览该网页的字眼。这类广告变化多端，表现形式越来越丰富多彩，大致可以分为以下3种类型。

1.扩张式广告

网络广告不像报纸有较大的尺寸，创意常受限于空间。为了提供更多的信息，只要受众的鼠标移到Banner上，它就会自动扩张成一个更大的页面。

2.动态传送广告

以轮替、随机的方式传送广告（和固定版面广告相反），可让不同使用者在同一页面上看到不同的广告，同一广告可在整个网站内轮替，也可以根据关键词检索而出现。

3.互动式广告

运用2D与3D的Video、Audio、Java、Flash等动画软件制作，可以将网络上广告转换成互动模式，而不只是一个静态的广告讯息。这类广告既可让用户享受到实际的Internet Banking连串服务，不用离开正使用的网页，还可扩大广告的浏览时间，增加广告效果。

5.1.2 横幅类广告的设计要求

由于网络本身的特点，横幅类广告的设计与创作有一些特别之处值得注意：一个经过精心设计的横幅广告和一个创意平淡的横幅广告在点击率上将会相差很大。对于一个精彩的横幅广告，在设计时有文字、色彩及边框这3方面的要求。

1.对文字的要求

横幅类广告的文字不能太多，一般都要能用一句话来表达，配合的图形也无须太繁杂。文字尽量使用黑体等粗壮的字体，否则在视觉上很容易被网页其他内容淹没，也极容易在72dbi屏幕分辨率下产生"花字"。

2.对色彩的要求

图形尽量选择颜色数少，能够说明问题的事物。如果选择颜色很复杂，要考虑一下在低颜色数情况下，是否有明显的色斑。尽量不要使用彩虹色、晕边等复杂的特技图形效果，这样做会大大增加图形所占据的颜色数，除非存储为JPG静态图形，否则颜色最好不要超过32色。

3.对边框的要求

横幅类广告的外围边框最好是深色的，因为很多站点不为横幅类广告对象加上轮廓。这样，如果横幅类广告内容都集中在中央，四周会过于空白而融于页面底色，降低广告的注目率。

5.1.3　精彩横幅类广告欣赏

横幅类广告在网络上随处可见，下面为钻戒、房地产和红蜻蜓3个网站中的精彩横幅广告。

1.钻戒网站横幅广告

图5-1所示的是钻戒网站横幅广告，动画以配戴钻戒的双手、淡雅的鲜花，将钻戒的优雅品质展示出来，渐变流畅的文本动画，将广告要表达的幸福主题展示出来。

图5-1　钻戒网站横幅广告

2.房地产横幅广告

图5-2所示的是房地产横幅广告，动画以深红色为背景颜色，给人以热烈的视况感受。暗红搭配淡黄，对比强烈，视觉冲击力强。动画左边是静态的房地产商标识，右侧是动感的文字，动静相合，将房地产的水景特色完全展示出来。

图5-2　房地产横幅广告

3.红蜻蜓网站横幅广告

图5-3所示的是红蜻蜓网站横幅广告，动画中的画面精美，配上红色飘动的落叶，以及韵意深藏的广告语，将红蜻蜓产品优雅地展示出来。

图5-3　红蜻蜓集团有限公司

5.2 精彩项目1——基金网站横幅广告

本实例将模拟制作基金网站横幅广告，整个动画以蓝色为背景颜色，给人一种整洁轻快的印象。整个动画共分为3个画面，依次将基金网站的服务理论、投资向导逐一展示出来。广告中的文本大多应用了滤镜效果，使文本在保持美观的同时又不与背景的颜色产生冲突，从而使画面显得更加美观。

5.2.1 效果展示——动态效果赏析

本实例制作的是基金网站横幅广告，动态效果如图5-4所示。

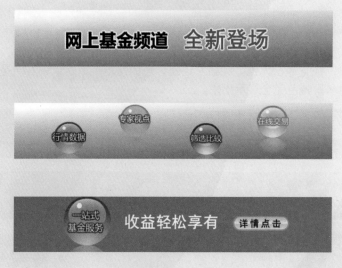

图5-4 基金网站横幅广告

5.2.2 设计导航——流程剖析与项目规格

本节主要通过对横幅类广告的规格展示及效果流程图展示，让读者了解"基金网站横幅广告"动画的一般设计过程及各种横幅类广告的规格。

1.项目规格——640像素×110像素（宽×高）

横幅广告的规格一般均采用横向式的版面，使画面横向布局在网页中，这样具有极强的视觉效果。根据客户的需求，该横幅广告的尺寸为640像素×110像素，规格展开图如图5-5所示。

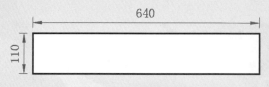

图5-5 规格展开图

2.流程剖析

本案例的制作流程剖析如下所示。

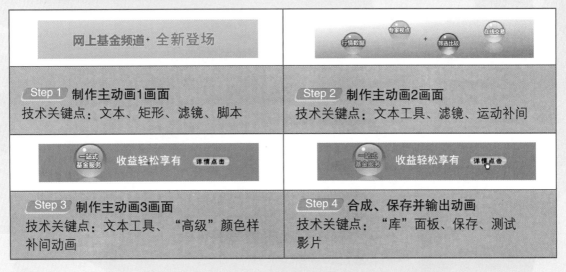

Step 1 制作主动画1画面 技术关键点：文本、矩形、滤镜、脚本	**Step 2** 制作主动画2画面 技术关键点：文本工具、滤镜、运动补间
Step 3 制作主动画3画面 技术关键点：文本工具、"高级"颜色样 补间动画	**Step 4** 合成、保存并输出动画 技术关键点："库"面板、保存、测试 影片

5.2.3 实战步骤1——制作各文本元件

导入素材文件并开始制作各文本元件的具体操作步骤如下：

Step 1 新建一个空白Flash文档，并设置其文档属性。其中，"宽"和"高"分别为640像素和110像素，然后将素材文件导入到库中。

Step 2 新建"基金服务"影片剪辑元件。单击文本工具，设置字体的"系列"、"大小"、"文本（填充）颜色"和"字母间距"分别为"微软雅黑"、20、"白色"和0，在舞台上创建"一站式 基金服务"文本，如图5-6所示。

Step 3 复制刚刚创建的文本，新建"图层2"。单击"编辑"→"粘贴到当前位置"命令，粘贴文本，将"图层2"锁定，如图5-7所示。

图5-6 创建文本

图5-7 粘贴文本

Step 4 选择"图层1"中的文本，修改其"文本（填充）颜色"为"深绿色"（#006600），在"属性"面板的"滤镜"区单击"添加滤镜"按钮，在弹出的快捷菜单中单击"发光"命令，如图5-8所示。

Step 5 在参数区中设置"模糊X"值和"模糊Y"值均为3、"滤镜强度"值为1000%、"模糊质量"为"高"、"阴影颜色"为"深绿色",为文本添加"发光"滤镜,制作描边文本,如图5-9所示。

图5-8 选择命令　　　　　　　　　　图5-9 添加"发光"滤镜

Step 6　参照"基金服务"影片剪辑元件的创建,创建"筛选比较"影片剪辑元件,文本的描边颜色为"暗红色"(#B50000),如图5-10所示。创建"行情数据"影片剪辑元件,文本的描边颜色为"深绿色"(#005500),如图5-11所示。创建"在线交易"影片剪辑元件,文本的描边颜色为"橙红色"(#FB6400)。创建"专家视点"影片剪辑元件,文本的描边颜色为"深蓝色"(#0069D5)。

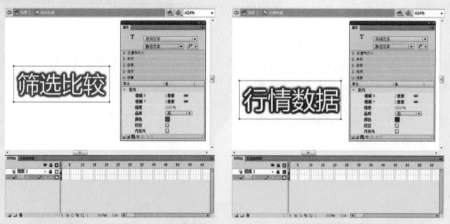

图5-10 创建"筛选比较"影片剪辑元件　　图5-11 创建"行情数据"影片剪辑元件

Step 7　参照"基金服务"影片剪辑元件的创建,创建"文本1"影片剪辑元件,文本的描边颜色为"白色",如图5-12所示。

Step 8　参照"基金服务"影片剪辑元件的创建,创建"文本2"影片剪辑元件,文本的描边颜色为"白色",如图5-13所示。

Step 9　新建"轻松享有"影片剪辑元件。单击文本工具,设置字体的"系列"、"大小"、"文本(填充)颜色"和"字母间距"分别为"黑体"、14、"白色"和0,在舞台上创建"收益轻松享有"文本,如图5-14所示。

Step 10　新建"文本组合"影片剪辑元件,从"库"面板中将"文本1"元件拖动至舞台,并调整位置,如图5-15所示。

Step 11　新建"图层2",从"库"面板中将"文本2"元件拖动至舞台,放在"文本1"实例的右侧,如图5-16所示。

图5-12 创建"文本1"影片剪辑元件

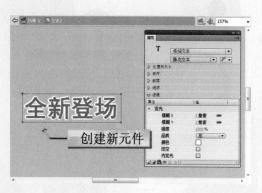

图5-13 创建"文本2"影片剪辑元件

图5-14 新建"轻松享有"影片剪辑元件

图5-15 添加"文本1"实例

图5-16 添加"文本2"实例

灵犀一指

在Flash中，设置对象发光滤镜中的距离、强度和品质，可以制作出描边的效果。本节所制作的描边文字，便是通过设置不同颜色的"阴影颜色"制作的。使用此方法，读者可以非常方便地制作出丰富的描边文字。

5.2.4　实战步骤2——制作各色组合球元件

制作各色组合球元件的具体操作步骤如下：

Step 1　按〈Ctrl＋F8〉组合键，弹出"创建新元件"对话框，新建一个名为"球组合_橙色"的影片剪辑元件。将"绿色球"元件拖动至舞台，设置X值和Y值分别为0和44，如图5-17所示。

Step 2　保持"绿色球"实例为选中状态，在"色彩效果"区中设置实例的"样式"为"高级", 并设置相应的参数, 将实例由绿色变为橙色, 如图5-18所示。

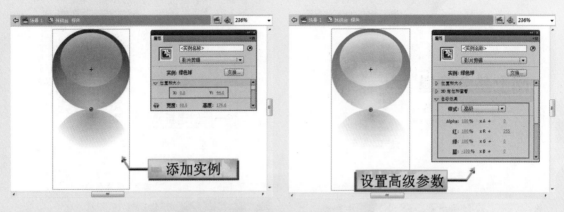

图5-17 添加"绿色球"实例　　　　　　　图5-18 改变实例的颜色

小知识

在Flash中, "高级"颜色样式用于调节实例的红色、绿色、蓝色和透明度值。对于在位图这样的对象上创建和制作具有微妙色彩效果的动画, 使用该功能非常有用。左侧的控件使用户可以按指定的百分比调整颜色或透明度的值, 右侧的控件使用户可以按常数值调整颜色或透明度的值。

　Step 3　新建"图层2", 将"小圆点"元件拖动至舞台, 放在橙色球的上面, 如图5-19所示。

　Step 4　新建"球组合_红色"影片剪辑元件, 将"红色球"元件拖动至舞台, 设置X值和Y值分别为0和44, 如图5-20所示。

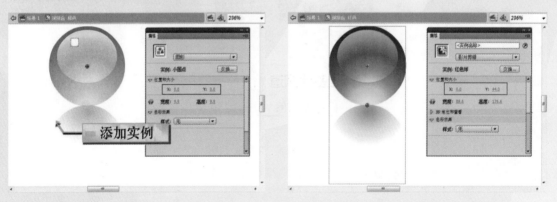

图5-19 添加"小圆点"实例　　　　　　　图5-20 添加"红色球"实例

　Step 5　新建"图层2", 将"小圆点"元件拖动至舞台, 放在橙色球的上面, 如图5-21所示。

　Step 6　参照"球组合_橙色"影片剪辑元件的创建, 创建"球组合_蓝色"影片剪辑元件。在"色彩效果"区为实例添加"高级"颜色样式, 并设置相应的参数, 将实例由绿色变为红色, 如图5-22所示。

　Step 7　参照"球组合_红色"影片剪辑元件的创建, 创建"球组合_绿色"影片剪辑元件, 所对应的实例为"绿色球"和"小圆点"。

图5-21 添加"小圆点"实例　　　　　　　　　　图5-22 改变实例的颜色

5.2.5 实战步骤3——制作点击和按钮元件

制作点击和按钮元件的具体操作步骤如下：

Step 1　按〈Ctrl＋F8〉组合键，弹出"创建新元件"对话框，新建一个名为"详情点击组合"的影片剪辑元件。将"圆角矩形"元件拖动至舞台，放在舞台的正中央，如图5-23所示。

Step 2　新建"图层2"。使用文本工具，在"圆角矩形"实例上创建"详情点击"文本，在"属性"面板中设置文本的"系列"、"大小"、"文本（填充）颜色"和"字母间距"分别为"黑体"、15、"黑色"和3，如图5-24所示。

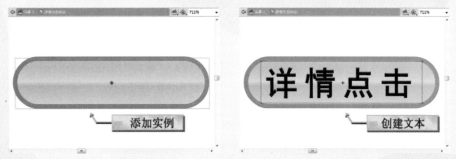

图5-23 添加"圆角矩形"实例　　　　　　　　　图5-24 创建文本

Step 3　新建"点击动画"影片剪辑元件，将刚刚创建的"详情点击组合"元件拖动至舞台，放在舞台的正中央，如图5-25所示。

图5-25 添加"详情点击组合"实例　　　　　　　图5-26 创建传统补间动画

Step 4 同时选中"图层1"的第6和11帧,按〈F6〉键,插入关键帧。按住〈Shift〉键的同时在第1和6帧上单击,将其一起选中,然后右击,在弹出的快捷菜单中单击"创建传统补间"命令,创建传统补间动画,如图5-26所示。

Step 5 选择"图层1"中第6帧对应的实例,在"变形"面板中,设置"缩放宽度"值和"缩放高度"值均为102%。在"属性"面板中,设置实例的"样式"为"高级",并设置相应的参数,如图5-27所示。

Step 6 新建"按钮"按钮元件,在"点击"帧插入关键帧。单击矩形工具,在舞台上绘制一个"宽度"和"高度"分别为640和110、"填充颜色"为"白色"的矩形,如图5-28所示。

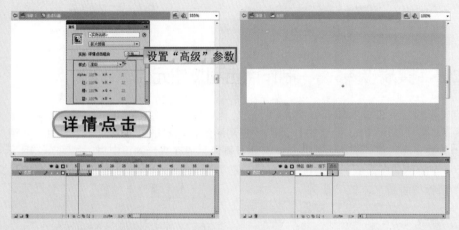

图5-27 为实例添加高级颜色样式　　　　图5-28 创建"按钮"元件

5.2.6 实战步骤4——制作主动画1

制作主动画1的具体操作步骤如下:

Step 1 单击"插入"→"新建元件"命令,新建"主动画"影片剪辑元件。将"背景"元件拖动至舞台,设置X值和Y值均为0,如图5-29所示。

Step 2 将"图层1"更名为"背景",新建"文本组合"图层,将"文本组合"元件拖动至舞台,设置X值和Y值分别为-340.45和92.4,如图5-30所示。

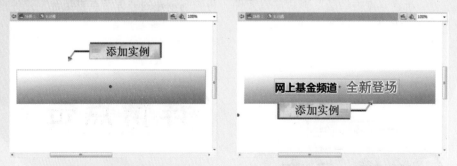

图5-29 添加"背景"实例　　　　图5-30 添加"文本组合"实例

Step 3 在"背景"图层的第135帧插入帧,在"文本组合"图层的第2~38帧之间插入相应的关键帧,并在各关键帧之间创建传统补间动画,如图5-31所示。

灵犀一指

为了制作出"文本组合"实例由清晰逐渐变浅白色再隐退的动画效果，需要在图层上插入多个关键帧，一步一步地设置各关键帧对应实例的高级颜色样式。

Step 4 选择"文本组合"图层第26帧对应的实例，在"属性"面板中，设置"样式"为"高级"，并设置相应的参数，如图5-32所示。

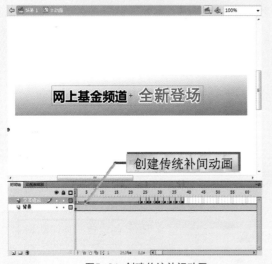

图5-31 创建传统补间动画　　　　　　　　　图5-32 添加高级颜色样式

Step 5 参照上述操作，依次为"文本组合"图层的其他关键帧对应的实例添加不同参数的"高级"颜色样式，制作出文本组合实例由清晰逐渐变淡消失的动画效果，如图5-33所示。

Step 6 新建"按钮"图层，将"按钮"元件拖动至舞台，放在舞台的正中央。选择该图层的第304帧，按〈F5〉键插入帧，如图5-34所示。

图5-33 制作文本组合动画　　　　　　　　　图5-34 添加"按钮"实例

Step 7 选择"按钮"实例，按〈F9〉键，在弹出的"动作"面板中输入相应的链接脚本。

5.2.7 实战步骤5——制作主动画2

制作主动画2的具体操作步骤如下：

Step 1 在"文本组合"图层上方创建"橙色球"图层，在该图层的第30帧插入空白关键帧。将"球组合_橙色"元件拖动至舞台，设置"宽度"、"高度"、X和Y分别为62、123、201.15和–19.15，如图5-35所示。

Step 2 在"橙色球"图层的第30～45帧之间插入相应的关键帧，并在各关键帧之间创建传统补间动画，如图5-36所示。

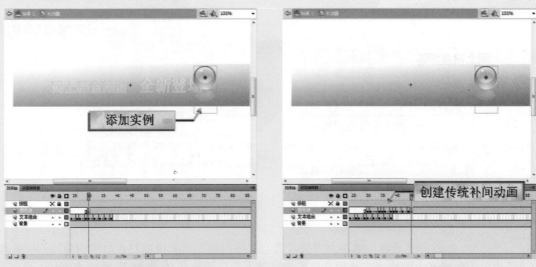

图5-35 添加"球组合_橙色"实例　　　　　　图5-36 创建传统补间动画

Step 3 选择"橙色球"图层的第30帧对应的实例，修改实例的X值和Y值分别为116.55和–37.65。为实例添加"高级"颜色样式，为实例添加一层浅白色，如图5-37所示。

Step 4 参照上一步的操作，依次为"橙色球"图层的其他关键帧对应的实例添加不同参数的"高级"颜色样式，并修改实例的位置，制作出橙色球由左向右运动，由透明、浅橙色变橙色的动画效果，如图5-38所示。

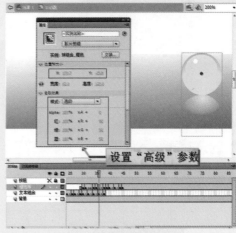

图5-37 改变实例的颜色　　　　　　图5-38 改变实例的颜色

Step 5 参照"橙色球"图层中"球组合_橙色"实例的动画制作，创建"绿色球1"图层，制作出绿色球从背景左侧的中部向底部运动，由透明、浅绿色变绿色的动画，如图5-39所示。

通过在时间轴中的"橙色球"、"绿色球1"、"红色球"和"蓝色球"图层上插入相应的关键帧并创建传统补间动画，制作出4个不同颜色透明球的出场顺序和在舞台上的排列位置。

Step 6 参照"橙色球"图层中"球组合_橙色"实例的动画制作，创建"红色球"图层，制作出红色球从背景中间的中部向底部运动，由透明、浅红色变红色的动画，如图5-40所示。

图5-39 制作"橙色球"动画　　　　图5-40 制作"红色球"图层动画

Step 7 参照"橙色球"图层中"球组合_橙色"实例的动画制作，创建"蓝色球"图层，制作出蓝色球从背景中间的中部慢慢出现，由透明、浅蓝色变蓝色的动画，如图5-41示。

Step 8 参照"橙色球"图层中"球组合_橙色"实例的动画制作，创建"在线交易"图层，制作出文本实例从橙色球的左侧向球的中心位置运动，由透明、浅橙色变橙色的动画，如图5-42示。

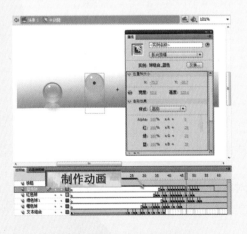 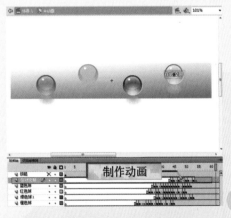

图5-41 制作"蓝色球"图层动画　　　　图5-42 制作"在线交易"图层动画

Step 9 参照"橙色球"图层中"球组合_橙色"实例的动画制作，创建"筛选比较"图层，制作出文本实例从红色球的左侧向球的中心位置运动，由透明、浅红色变红色的动画，如图5-43示。

Step 10 参照"橙色球"图层中"球组合_橙色"实例的动画制作，创建"专家视点"图层，制作出文本实例从蓝色球的右下方向球的中心位置运动，由透明、浅蓝色变蓝色的动画，如图5-44示。

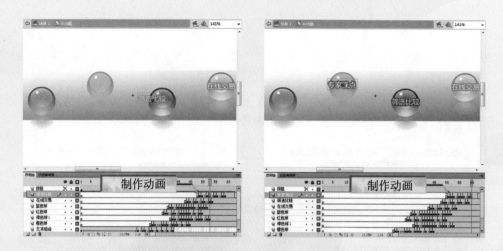

图5-43 制作"筛选比较"图层动画　　　　图5-44 制作"专家视点"图层动画

Step 11　　参照"橙色球"图层中"球组合_橙色"实例的动画制作，创建"行情数据"图层，制作出文本实例从绿色球的右上向球的中心位置运动，由透明、浅绿色变绿色的动画，如图5-45示。

Step 12　　在"橙色球"图层的第119~134帧之间插入相应的关键帧，并在各关键帧之间创建传统补间动画，如图5-46所示。

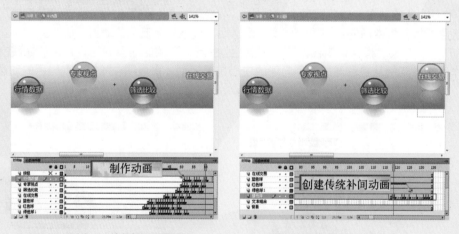

图5-45 制作"行情数据"图层动画　　　　图5-46 创建传统补间动画

Step 13　　选择"橙色球"图层第120帧对应的实例，设置X值和Y值分别为136.05和-22.05，即实例向左移动，如图5-47所示。

Step 14　　选择"橙色球"图层第123帧对应的实例，在"变形"面板中，设置"缩放宽度"值和"缩放高度"值分别为81.5%和81.3%。在"属性"面板中，设置X值和Y值分别为90.3和-16.65，即实例变大并向左移动，如图5-48所示。

Step 15　　参照上一步的操作，在"橙色球"图层中依次设置其他各关键帧对应实例的缩放大小和坐标值，制作出实例由小变大、从右向左运动至背景中心的动画，如图5-49所示。

Step 16　　参照"橙色球"图层第119~134帧"球组合_橙色"实例的动画制作，在"在线交易"图层中制作出文本实例跟随橙色球由小变大、从右向左运动至背景中心的动画，如图5-50示。

图5-47 向左移动实例

图5-48 修改实例的大小和位置

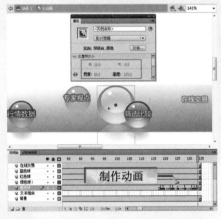

图5-49 制作"橙色球"动画

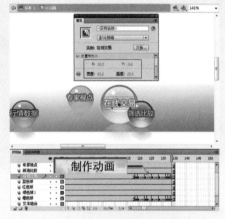

图5-50 制作文本实例动画

Step 17 参照"橙色球"和"在线交易"图层第119～134帧"球组合_橙色"和文本实例的动画制作，在"绿色球1"和"行情数据"图层第119～134帧，创建文本实例跟随绿色球由左向右运动至背景中心的动画，如图5-51所示。

Step 18 参照"橙色球"和"在线交易"图层第119～134帧"球组合_橙色"和文本实例的动画制作，在"红色球"和"筛选比较"图层第119～134帧，创建文本实例跟随红色球由右向左运动至背景中心的动画，如图5-52所示。

图5-51 制作绿色球和文本实例动画

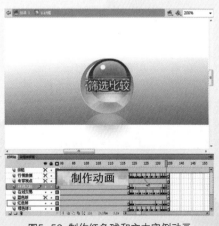

图5-52 制作红色球和文本实例动画

Step 19 参照"橙色球"和"在线交易"图层第119～134帧"球组合_橙色"和文本实例的动画制作,在"蓝色球"和"专家视点"图层第119～134帧,创建文本实例跟随蓝色球由左向右运动至背景中心的动画。

✍ 灵犀一指

根据4个不同颜色的透明球所制作的出场顺序和动画,在透明条的旁边创建描边颜色与球的主体颜色相同的文本动画,然后将所有的透明球和文本向舞台的正中心运动。

 5.2.8 实战步骤6——制作主动画3

制作主动画3的具体操作步骤如下:

Step 1 在"背景"图层的第144帧插入空白关键帧,将"矩形条"元件拖动至舞台,放在舞台的正中央。选择该图层的第304帧,按〈F5〉键插入帧,如图5-53所示。

Step 2 在"背景"图层的第148、152和153帧插入关键帧,并在各关键帧之间创建传统补间动画。选择第144帧对应的实例,添加"高级"颜色样式,将实例变为透明,如图5-54所示。

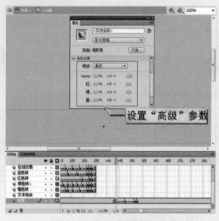

图5-53 添加"矩形条"实例　　　　　图5-54 创建传统补间动画

Step 3 选择"背景"图层第148帧对应的实例,为其添加"高级"颜色样式,将实例变为黄色,如图5-55所示。

Step 4 选择"背景"图层第152帧对应的实例,为其添加"高级"颜色样式,将实例变为青色,如图5-56所示。

Step 5 新建"绿色球2"图层,在该图层的第135帧插入空白关键帧,将"球组合_绿色"元件拖动至舞台,设置实例的"缩放宽度"值和"缩放高度"值均为108%、X值和Y值分别为-170.5和-6.9,如图5-57所示。

Step 6 在"绿色球2"图层的第135～150帧之间插入相应的关键帧,并在各关键帧之间创建传统补间动画,如图5-58所示。

Step 7 在"绿色球2"图层中选择第135帧对应的实例,修改"缩放宽度"值和"缩放高度"值均为90%、X值和Y值分别为-12.15和0.25。为实例添加"高级"颜色样式,将实例变为橙色,如图5-59所示。

Step 8 选择"绿色球2"图层第138帧对应的实例,修改"缩放宽度"值和"缩放高度"值均为96.5%、X值和Y值分别为-67.15和-22.8。修改实例的"高级"颜色样式参数,将实例变为青橙色,如图5-60所示。

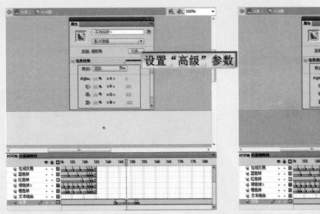
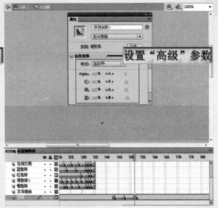

图5-55　改变实例的颜色　　　　　　　　图5-56　改变实例的颜色

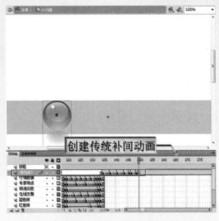

图5-57　修改实例的大小和位置　　　　　　图5-58　创建传统补间动画

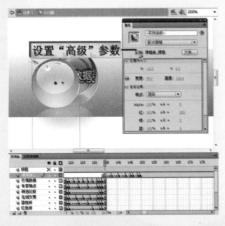
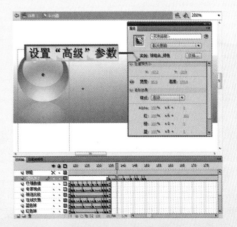

图5-59　改变实例的颜色　　　　　　　　图5-60　改变实例的颜色

Step 9　参照上一步的操作，在"绿色球2"图层中依次修改其他各关键帧对应实例的缩放大小、坐标值和"高级"颜色样式参数，制作出实例由小变大、由橙色变绿色、从舞台中心向左侧运动的动画，如图5-61所示。

Step 10　新建"基金服务"图层，在该图层的第150帧插入关键帧，将"基金服务"元件拖动至舞台，设置"缩放宽度"值和"缩放高度"值均为90%，X值和Y值分别为-168.05和-7，如图5-62所示。

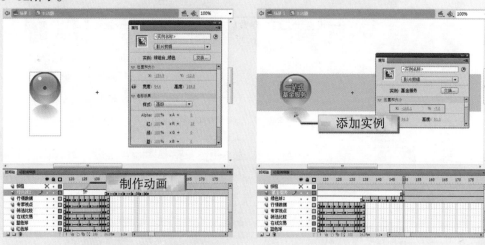

图5-61 制作"绿色球2"图层中的动画　　　　　图5-62 添加"基金服务"实例

Step 11　在"基金服务"图层的第150~165帧之间插入相应的关键帧，并在各关键帧之间创建传统补间动画，如图5-63所示。

Step 12　选择"基金服务"图层第150帧对应的实例，为实例添加"高级"颜色样式，修改X值为-177.05，则将向左移动，如图5-64所示。

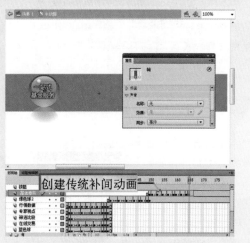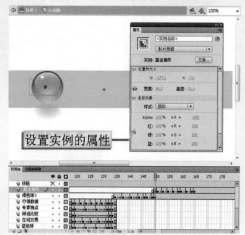

图5-63 创建传统补间动画　　　　　图5-64 改变实例的颜色、大小和位置

Step 13　参照上一步的操作，依次修改"基金服务"图层其他关键帧所对应实例的X值，并为实例添加不同参数的"高级"颜色样式，制作出实例从透明到清晰、从左向右运动的动画，如图5-65所示。

Step 14　新建"轻松享有"图层，在该图层的第165帧插入关键帧，将"轻松享有"元件拖动至舞台，设置"缩放宽度"值和"缩放高度"值均为196%，X值和Y值分别为3和-23.9，如图5-66所示。

Step 15　在"轻松享有"图层的第184~185帧插入关键帧，并在第165~184帧之间创建传统补间动画，依次设置第165和184帧对应实例的Alpha值为0%和90%，如图5-67所示。

Step 16　新建"详情点击"图层，在该图层的第185帧插入空白关键帧，将"点击动画"元件拖动至舞台，设置"缩放宽度"值和"缩放高度"值均为120%，X值和Y值分别为179

和–2.55，如图5–68所示。

图5-65 制作"基金服务"图层中的动画　　　图5-66 添加"轻松享有"实例

图5-67 设置实例的Alpha值　　　图5-68 添加"点击动画"实例

Step 17　在"详情点击"图层的第185～195帧之间插入相应的关键帧，并在各关键帧之间创建传统补间动画，如图5-69所示。

Step 18　选择"详情点击"图层第185帧对应的实例，为其添加"高级"颜色样式，将实例变为透明，如图5-70所示。

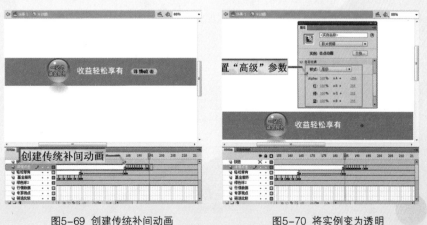

图5-69 创建传统补间动画　　　图5-70 将实例变为透明

Step 19 参照上一步的操作，依次为"详情点击"图层其他关键帧对应的实例添加不同参数的"高级"颜色样式，制作出实例从透明到清晰的动画，如图5-71所示。

Step 20 至此，完成"主动画"元件的制作，将"按钮"图层显示，预览整体动画，效果如图5-72所示。

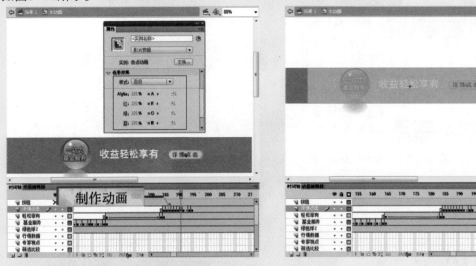

图5-71 制作"详情点击"图层中的动画　　　　图5-72 预览整体动画

Step 21 按〈Ctrl+E〉组合键，返回主场景。将"主动画"元件拖动至舞台，放在舞台的正中央，如图5-73所示。最后保存并按〈Ctrl+Enter〉组合键，测试该动画效果。

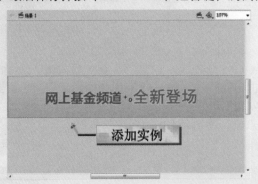

图5-73 添加"主动画"实例

5.2.9 案例小结

字体设计在网络广告中有着不可替代的作用。文字不但是记录的符号，而且其形体美给人以艺术的感觉，起着美化的作用。用户在设计广告时，应注意广告中的文本要有针对性、易读性、思想性、美观性和创新性。在做到形式美观的同时，更要注意表现每个文字的个性与内涵。

在本案例的制作过程中，可以使读者了解怎样的广告才能够引导浏览者产生继续看下去的想法。例如，在本案例中，采用了循循善诱的手法引导浏览者观看广告，并最终表明广告宣传的主题，使用这种手法制作的广告可以使浏览者在观看完广告后仍记忆犹新，使广告达到"广而告之"的效果。

5.3　精彩项目2——游戏网站横幅广告

本实例将模拟制作游戏网站横幅广告，广告以深蓝色为主色调，紧扣主题，在深蓝色的基础上配上白色的发光效果，使动画的主题更加鲜明。流畅的黄色文本和小金像动画，非常吸引浏览者的眼球，将广告的内容完全展示出来。

5.3.1　效果展示——动态效果赏析

本实例制作的是游戏网站横幅广告，动态效果如图5-74所示。

图5-74 游戏网站横幅广告

5.3.2　设计导航——流程剖析与项目规格

本节将对横幅类广告的规格及制作流程进行介绍，以便读者初步了解其制作概况。通过对这些内容的学习，读者可以尝试着制作。

1.项目规格——480像素×60像素（宽×高）

根据客户的需求，该横幅广告的尺寸为480像素×60像素，规格展开图如图5-75所示。

图5-75 规格展开图

2.流程剖析

本案例的制作流程剖析如下。

Step 1 导入外部库，并制作其他元件 技术关键点："新建"文档、"导入"命令	**Step 2** 制作画面2元件 技术关键点：遮罩动画、滤镜功能、"库"面板
Step 3 制作主动画元件 技术关键点：文本工具、遮罩动画、滤镜功能	**Step 4** 合成并测试动画 技术关键点："属性"面板、保存、测试影片

 5.3.3 实战步骤1——制作提交按钮元件

制作提交按钮元件的具体操作步骤如下：

Step 1 打开新建的文档，新建"立即注册组合"影片剪辑元件，将"小矩形条"元件拖动至舞台，对齐在舞台的右下角，如图5-76所示。

Step 2 将"立即注册"元件拖动至舞台，放置在小矩形条实例的正上方，并为其添加"阴影颜色"为"深红色"（#990000）的"发光"滤镜，如图5-77所示。

图5-76 添加"小矩形条"实例　　　　图5-77 添加"立即注册"实例

Step 3 参照"立即注册组合"影片剪辑元件的创建，新建"送飞行坐骑组合"影片剪辑元件，所对应的实例分别为"小矩形条"和"送飞行坐骑"，并为"送飞行坐骑"实例添加相同的"发光"滤镜，如图5-78所示。

Step 4 新建"提交按钮"影片剪辑元件，将"立即注册组合"元件拖动至舞台，设置X值和Y值分别为-1.8和-3.8，如图5-79所示。

图5-78 "送飞行坐骑组合"影片剪辑元件

图5-79 添加"立即注册组合"实例

Step 5　在"图层1"的第6、7、12和13帧插入关键帧，在第35帧插入帧，并在各关键帧之间创建传统补间动画。选择第7帧对应的实例，在"变形"面板中，设置"缩放宽度"值和"缩放高度"值均为93.75%，如图5-80所示。

Step 6　选择第7帧对应的实例，在"属性"面板中，设置X值和Y值分别为1和-3，并为实例添加"高级"颜色样式，将实例变为黄白色。同理，设置第12帧所对应的实例坐标值分别为-1.3和-3.6、"缩放宽度"值和"缩放高度"值均为99%，并为实例添加"高级"颜色样式，如图5-81所示。

Step 7　新建"图层2"，在该图层的第14帧插入关键帧，将"送飞行坐骑组合"元件拖动至舞台，设置X值和Y值分别为-1.8和-3.8，如图5-82所示。

图5-80 缩小实例　　　　　　　　　　图5-81 改变实例的颜色

Step 8　在"图层2"的第14~35帧之间插入相应的关键帧，并在各关键帧之间创建传统补间动画。依次选择该图层第14、16和35帧对应的实例，分别设置Alpha值为0%、67%和0，制作出实例渐变出现并渐变消失的动画，如图5-83所示。

图5-82 添加"送飞行坐骑组合"实例

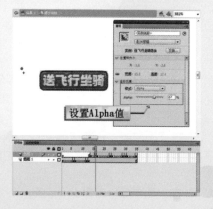
图5-83 设置实例的Alpha值

101

Step 9 参照设置"图层1"中第7帧对应实例的属性，修改"图层2"中第24帧对应实例的X值和Y值分别为1和−3、"缩放宽度"值和"缩放高度"值均为93.8%，并为实例添加"高级"颜色样式，将实例变为黄白色，如图5-84所示。

Step 10 参照设置"图层1"中第12帧对应实例的属性，修改"图层2"中第29帧对应实例的X值和Y值分别为−1.3和−3.6、"缩放宽度"值和"缩放高度"值均为99%，并为实例添加"高级"颜色样式，如图5-85所示。

图5-84 改变实例的大小、位置和颜色　　　　图5-85 改变实例的大小、位置和颜色

Step 11 新建"图层3"，将"手形"元件拖动至舞台，设置X值和Y值分别为7.4和−14，即放置在组合实例的右下方，如图5-86所示。

Step 12 在"图层3"的第7、12和13帧插入关键帧，并在各关键帧之间创建传统补间动画，如图5-87所示。

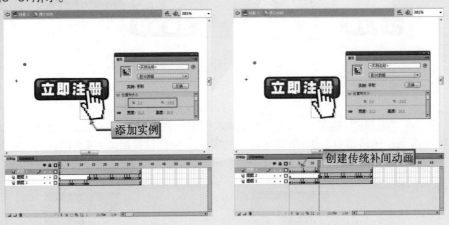

图5-86 添加"手形"实例　　　　　　　　图5-87 创建传统补间动画

Step 13 选择"图层3"中第7帧对应的实例，在"变形"面板中，设置"缩放宽度"值和"缩放高度"值均为91.1%。在"属性"面板中，设置X值和Y值分别为12.75和−11.65，如图5-88所示。

Step 14 选择"图层3"中第12帧对应的实例，在"变形"面板中，设置"缩放宽度"值和"缩放高度"值均为98.5%。在"属性"面板中，设置X值和Y值分别为8.25和−13.65，如图5-89所示。

Step 15 右击"图层3"中第1~17帧，在弹出的快捷菜单中单击"复制帧"命令，如图5-90所示。

Step 16 在"图层3"的第18帧插入空白关键帧，并单击鼠标右键，在弹出的快捷菜单中单击"粘贴帧"命令，粘贴帧，并删除该图层第35帧之后的所有帧，如图5-91所示。

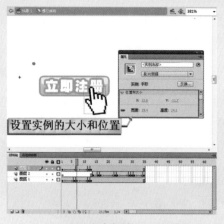

图5-88 修改实例的大小和位置

图5-89 修改实例的大小和位置

图5-90 单击命令

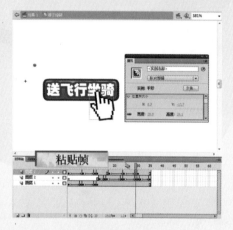

图5-91 粘贴帧

5.3.4　实战步骤2——制作各文本元件

制作各文本元件的具体操作步骤如下：

Step 1　按〈Ctrl+F8〉组合键，弹出"创建新元件"对话框，新建一个名为"今日内测"的影片剪辑元件。使用文本工具，在舞台上创建"今日"文本。在"属性"面板中，设置字体的"系列"、"大小"、"文本（填充）颜色"和"字母间距"分别为"方正超粗黑简体"、75、"黄色"和12，如图5-92所示。

Step 2　在"今日"文本右侧创建"铁血内测"文本，修改文本的"大小"为60，如图5-93所示。

Step 3　使用选择工具选择所有的文本，连续两次按〈Ctrl+B〉组合键，将文本分离为图形，如图5-94所示。

Step 4　新建"图层2"，使用矩形工具，在"今日"文本图形上绘制一个"填充颜色"为"红色"的矩形，将其刚好遮盖住，如图5-95所示。

Step 5　使用矩形工具，在"铁血内测"文本图形上绘制一个"填充颜色"为"白色"、"黄色"至"桔红色"的"线性"渐变矩形，将其刚好遮盖住，如图5-96所示。

Step 6 将"图层2"放置在"图层1"的下面，并将两个图层的名称相互交换。单击"图层2"，在弹出的快捷菜单中单击"遮罩层"命令，创建遮罩动画，如图5-97所示。

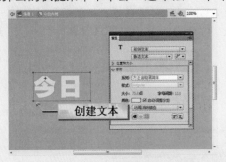

图5-92 创建文本

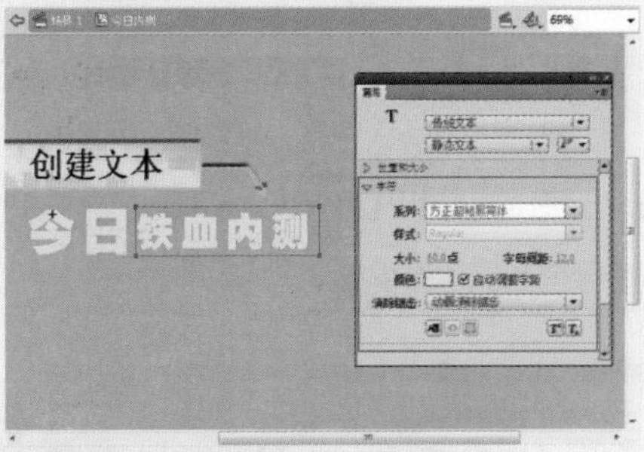

图5-93 创建文本

图5-94 分离文本为图形

图5-95 绘制红色矩形块

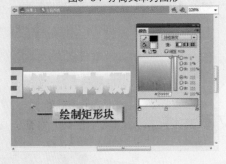

图5-96 绘制渐变矩形块

图5-97 创建遮罩动画

Step 7 新建"龙凤传奇"影片剪辑元件。使用文本工具，在舞台上创建"龙凤传奇"文本。在"属性"面板中，设置字体的"系列"、"大小"、"文本（填充）颜色"和"字母间距"分别为"叶根友疾风草书"、45、"红色"和-8，如图5-98所示。

Step 8 新建"龙和凤之争"影片剪辑元件，将"金色渐变条2"元件拖动至舞台，并调整其位置，如图5-99所示。

Step 9 新建"图层2"，使用文本工具，在渐变条上创建"龙和凤之争"文本。在"属性"面板中，设置字体的"系列"、"大小"、"文本（填充）颜色"和"字母间距"分别为"方正大标宋简体"、50、"白色"和-2，并调整部分文字的"大小"为40，如图5-100所示。

Step 10 右击"图层2"，在弹出的快捷菜单中单击"遮罩层"命令，创建遮罩动画，制作遮罩渐变文字，如图5-101所示。

图5-98　创建文本

图5-99　添加"金色渐变条2"实例

图5-100　创建文本

图5-101　制作遮罩渐变文字

Step 11　新建"文本组合"影片剪辑元件，将"龙凤传奇"元件拖动至舞台，调整实例的大小和位置，并为实例添加"阴影颜色"为"黄色"的"发光"滤镜，如图5-102所示。

Step 12　新建"图层2"，将"年度大作"元件拖动至舞台，放在"龙凤传奇"实例的右下角，如图5-103所示。

图5-102　添加"发光"滤镜

图5-103　添加"年度大作"实例

5.3.5　实战步骤3——制作各遮罩文本元件

制作各遮罩文本元件的具体操作步骤如下：

Step 1　新建"遮罩文本1"影片剪辑元件，将"金色渐变条1"元件拖动至舞台，设置X值和Y值均为0，如图5-104所示。

Step 2　新建"图层2"，使用矩形工具，绘制一个"宽度"和"高度"分别为58和40、"填充颜色"为"白色"的矩形块，如图5-105所示。

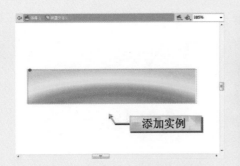

图5-104 添加"金色渐变条1"实例

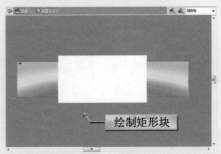

图5-105 绘制白色矩形块

Step 3　保持矩形为选中状态，按〈F8〉键，将其转换为"三色矩形块"影片剪辑元件。在实例上双击，进入该元件的编辑区，如图5-106所示。

Step 4　在"图层1"的第3帧插入帧，选择该帧的矩形块，在"属性"面板中，修改"填充颜色"为"红色"，如图5-107所示。

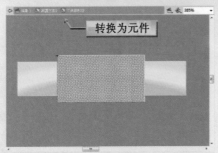

图5-106 进入"三色矩形块"元件编辑区

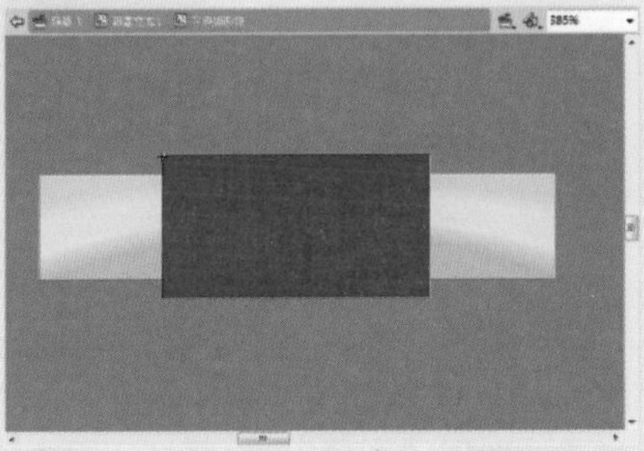

图5-107 修改矩形块的颜色

Step 5　在"图层1"的第5帧插入关键帧，选择该帧的矩形块，在"属性"面板中，修改"填充颜色"为"黄色"，并在该图层的第7帧插入帧，如图5-108所示。

Step 6　在舞台的空白处双击，返回"遮罩文本1"元件编辑区，在所有图层的第22帧插入帧。新建"图层3"，在该图层的第12帧插入空白关键帧，将"倾斜条"元件拖动至舞台，放置在渐变条的左侧，如图5-109所示。

图5-108 修改矩形块的颜色

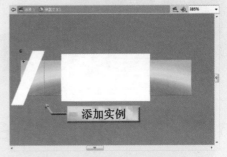

图5-109 添加"倾斜条"实例

Step 7　在"图层3"的第22帧插入关键帧，将该帧所对应的实例向右水平移动，放置在渐变条的右侧，并在该图层的第12帧至第22帧之间创建传统补间动画，如图5-110所示。

Step 8　新建"图层4"，将"文本1"元件拖动至舞台，设置实例的X值和Y值均为0。右击该图层，在弹出的快捷菜单中单击"遮罩层"命令，并将"图层2"和"图层1"拖动至被遮罩层内，创建遮罩动画，如图5-111所示。

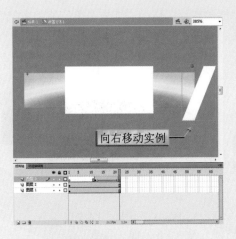

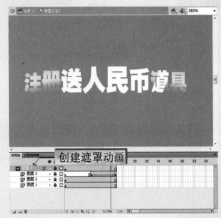

图5-110 创建传统补间动画　　　　　　图5-111 创建"遮罩文本1"元件

Step 9 　参照"遮罩文本1"影片剪辑元件的创建，创建"遮罩文本2"～"遮罩文本5"影片剪辑元件，如图5-112、图5-113、图5-114和图5-115所示。

图5-112 创建"遮罩文本2"元件　　　　　图5-113 创建"遮罩文本3"元件

图5-114 创建"遮罩文本4"元件　　　　　图5-115 创建"遮罩文本5"元件

5.3.6 实战步骤4——制作主动画元件的画面1

制作主动画元件的画面1的具体操作步骤如下：

Step 1 　新建"主动画"影片剪辑元件，将"背景"元件拖动至舞台，设置实例的X值和Y值分别为-400和-45，如图5-116所示。

Step 2 　将"图层1"更名为"背景"，并在该图层的第368帧插入帧。新建"小金像5"

图层，将"小金像5"元件拖动至舞台，设置"缩放宽度"值和"缩放高度"值均为200%，X值和Y值分别为–195.8和–785.5，如图5–117所示。

图5–116 添加"背景"实例　　　　　　　图5–117 添加"小金像5"实例

　Step 3　选择"小金像5"图层的第1~13帧，按〈F6〉键，插入关键帧，并在各关键帧之间创建传统补间动画。选择第1帧对应的实例，修改"缩放宽度"值和"缩放高度"值均为50%，X值和Y值分别为–260.5和–180，并为实例添加"模糊"滤镜，如图5–118所示。

　Step 4　选择"小金像5"图层第2帧对应的实例，修改"缩放宽度"值和"缩放高度"值均为50.1%，X值和Y值分别为–260.45和–180.25，并为实例添加"模糊"滤镜，如图5–119所示。

图5–118 设置第1帧实例的属性　　　　　图5–119 设置第2帧实例的属性

　Step 5　参照上一步的操作，依次修改"小金像5"图层上其他关键帧对应的"缩放宽度"、"缩放高度"、X、Y和"模糊"滤镜参数，制作出实例逐渐变大、由模糊变清晰并向舞台中心运动的动画，如图5–120所示。

　Step 6　选择"小金像5"图层的第43~53帧，按〈F6〉键，插入关键帧，并在各关键帧之间创建传统补间动画，如图5–121所示。

图5–120 制作"小金像5"实例动画　　　　图5–121 创建传统补间动画

Step 7　选择"小金像5"图层第44帧对应的实例，修改"缩放宽度"值和"缩放高度"值均为100.6%，X值和Y值分别为105.4和−368.25，如图5−122所示。

Step 8　参照上一步的操作，依次修改"小金像5"图层第45~53帧对应实例的"缩放高度"、"缩放宽度"、X和Y等参数，制作出实例逐渐变小、从舞台中心向舞台右侧运动的动画，如图5−123所示。

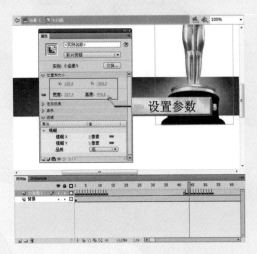

图5−122　修改实例的大小和位置　　　　图5−123　制作"小金像5"实例动画

Step 9　参照"小金像5"图层中实例从小变大、从舞台右侧向舞台中心出现，然后从大变小、从舞台中心向舞台右侧运动的制作，创建"小金像4"图层，并制作相应的动画，如图5−124所示。

Step 10　参照"小金像5"图层的制作，创建"小金像3"图层，并制作相应的动画，如图5−125所示。

图5−124　制作"小金像4"图层的动画　　　　图5−125　制作"小金像3"图层的动画

Step 11　参照"小金像5"图层的制作，创建"小金像2"图层，并制作相应的动画，如图5−126所示。

Step 12　参照"小金像5"图层的制作，创建"小金像1"图层，并制作相应的动画，如图5−127所示。

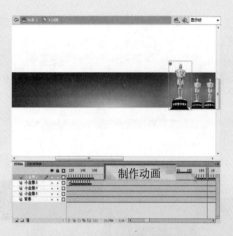
图5-126 制作"小金像2"图层的动画

图5-127 制作"小金像1"图层的动画

小知识

在制作小金像由小变大、由模糊变清晰、由舞台左侧向舞台正中运动时，实例的模糊效果是根据小金像快速运动而设置的。物体运动越快，在视线中越模糊。

Step 13 新建"椭圆发光团2"图层，在该图层的第314帧插入关键帧。将"椭圆发光团2"元件拖动至舞台，设置"缩放宽度"值和"缩放高度"值均为50%，X值和Y值分别为-294.4和-33.9，如图5-128所示。

Step 14 在"椭圆发光团2"图层的第320帧插入关键帧，修改该帧对应实例的"缩放宽度"值和"缩放高度"值均为300%，X值和Y值分别为-453.95和-128.55，如图5-129所示。在该图层的第314～320帧之间创建传统补间动画，并删除该图层第320帧之后的所有帧。

图5-128 添加"椭圆发光团2"实例

图5-129 修改实例的大小和位置

Step 15 新建"龙和凤之争"图层，在该图层的第320帧插入关键帧，将"龙和凤之争"元件拖动至舞台，设置X值和Y值分别为-275.85和-26.35，并为其添加"阴影颜色"为"黑色"的"发光"滤镜，如图5-130所示。

Step 16 在"龙和凤之争"图层的第321帧插入关键帧，在第320～321之间创建传统补间动画，修改该帧对应实例的X值和Y值分别为-146.6和-26.35，即实例向舞台中心移动，如图5-131所示。在第322帧插入关键帧，修改该帧对应实例的"缩放宽度"值和"缩放高度"值均为150%。

Step 17 新建"文本"图层，在该图层的第316帧插入关键帧，将"文本组合"元件拖动至舞台，设置"缩放宽度"值和"缩放高度"值均为60、X值和Y值分别为-346.4和-22.75，即放在"龙和凤之争"实例的左侧，删除"龙和凤之争"图层的第368帧，如图5-132所示。

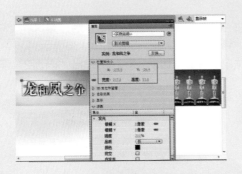

图5-130　添加"龙和凤之争"实例　　　　　图5-131　创建传统补间动画

Step 18　在"文本"图层的第317、318和365帧插入关键帧，选择第316帧对应的实例，修改X值为-306.4，即实例向左移动，如图5-133所示。同理，选择第317帧对应的实例，修改X值为-326.4，即实例向左移动。选择第365帧对应的实例，设置"旋转"角度值为-15，修改X值和Y值分别为-394.1和-23.85。

图5-132　添加"文本组合"实例　　　　　图5-133　向左移动实例

Step 19　在"文本"图层第366~367帧间插入关键帧，在第365~366帧间创建传统补间动画。选择第367帧对应的实例，修改"旋转"角度值为-45、X值和Y值分别为-450.35和3。

5.3.7　实战步骤5——制作主动画元件的画面2

制作主动画元件的画面2的具体操作步骤如下：

Step 1　在"背景"图层的第382帧插入空白关键帧，将"画面2"元件拖动至舞台，设置X值和Y值分别为-400和-45，在该图层的第550帧插入帧，如图5-134所示。

Step 2　选择"背景"图层的第382~401帧，按〈F6〉键，插入关键帧，并在各关键帧之间创建传统补间动画。选择第382帧对应的实例，修改Y值为-49，如图5-135所示。

图5-134　添加"画面2"实例　　　　　图5-135　修改实例的Y值

Step 3　选择"背景"图层第383帧对应的实例，修改X值为–396。选择第384帧对应的实例，修改Y值为–41。选择第385帧对应的实例，修改X值为–404，如图5–136所示。

Step 4　同理，依次设置其他各关键帧对应实例的X值和Y值，制作出"画面2"实例上、下、左、右移动的动画，如图5–137所示。

图5-136　修改实例的X值

图5-137　修改实例的Y值

Step 5　新建"椭圆光团"图层，在该图层的第363帧插入关键帧，将"椭圆发光团1"元件拖动至舞台，设置X值和Y值分别为–114和–43，如图5–138所示。

Step 6　在"椭圆光团"的第369帧插入关键帧，在第363~369帧之间创建传统补间动画。调整该帧对应实例的大小，删除第369帧之后的所有帧，如图5–139所示。

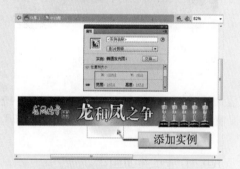

图5-138　添加"椭圆发光团1"实例

图5-139　创建传统补间动画

Step 7　新建"闪光团"图层，在该图层的第370帧插入关键帧，将"闪光团_动"元件拖动至舞台，设置"缩放宽度"值和"缩放高度"值均为65%，如图5–140所示。

Step 8　单击选择工具，选中"闪光团_动"实例，按住〈Alt〉键并拖动鼠标，将实例复制两次，并分别调整各实例的位置，如图5–141所示。

图5-140　添加"闪光团_动"实例

图5-141　复制"闪光团_动"实例

Step 9　按〈Ctrl＋E〉组合键，返回主场景。将"图层1"更名为"主动画"，将"主动画"元件拖动至舞台，设置"缩放宽度"值和"缩放高度"值均为61.9%，X值和Y值分别为238.95和31.65，如图5-142所示。

Step 10　新建"按钮"图层，将"按钮"元件拖动至舞台，放在舞台的正中央，如图5-143所示。选择"按钮"实例，在"动作"面板中输入相应的链接脚本。

至此，完成该动画的制作，保存并测试该动画效果。

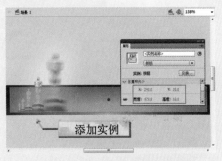

图5-142 添加"主动画"实例　　　　　图5-143 添加"按钮"实例

 ## 5.3.8　案例小结

因为横幅类广告具有直接促销的作用，所以在设计该类广告时必须着力研究广告环境与商品的性质，以及浏览者的需求心理，以便有的放矢地表现最能够打动浏览者的内容。横幅类广告的图文必须有针对性、简明扼要地表现出商品的益处、优点和特点等内容，这样才能够使浏览者了解该商品。

读书笔记

第6章

通栏类广告

通栏类广告实际是横幅类广告的一种升级。横幅类广告出现的初期用户认可程度很高，有不错的效果。但是伴随时间的推移，人们对横幅类广告已经开始变得麻木。于是广告主和媒体开发了通栏类广告，它比横幅类广告更长，面积更大，更具有表现力，更吸引人。一般的通栏类广告尺寸有590×105像素、590×80像素等。通栏类广告已经成为一种常见的广告形式。

本章以中国移动通信通栏广告和海盛集团有限公司通栏广告两个精彩项目为例，向读者详细介绍企业网站通栏类广告的创意技巧和设计方法。通过本章两个项目的制作，相信读者可以制作出优秀的通栏类广告动画。

案例欣赏

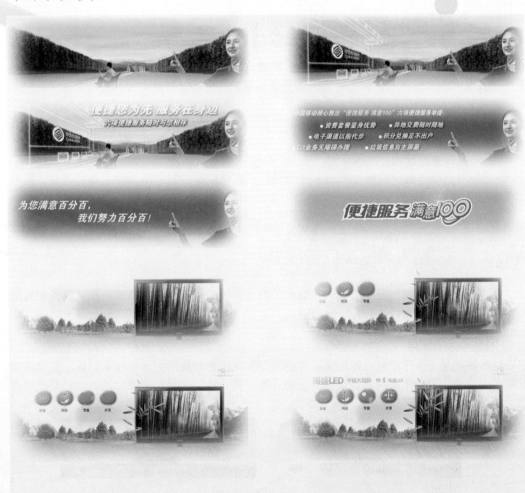

6.1　领先一步——通栏类广告专业知识

在制作通栏类广告动画前，用户需要了解通栏类广告的设计特点和设计要求。这样才能在制作通栏类广告动画时，针对目标网站，充分地展现网站的风格和传播价值。下面对通栏类广告动画的特点、设计要求向读者做一个全面的介绍，并向读者展示3个精彩的通栏类广告动画。

6.1.1　通栏类广告的特点

通栏类广告是占据网页主要页面宽度的网络广告，具有极强的视觉效果。通栏类广告与旗帜类广告有所差别，首先是在网页的位置，通栏类广告的位置一般出现在网页的顶部或是某一版面的顶部，而旗帜类广告可以出现在网页的任何位置（只要有充足的空间）。其次，由于在网页中的作用不同，通栏类广告的尺寸标准只有两种，而旗帜类广告的尺寸标准比较随意，有许多种的格式。最后，通栏类广告的性质一般是概括了整个网站所要宣传的信息，也是整个网站的代表，而旗帜类广告可以是对单个商品进行的宣传广告，也可以是其他广告主的加盟广告。

6.1.2　通栏类广告的设计要求

网络广告多不胜数，但只有有创意的、能让人留下深刻印象的广告，才能打动受众的购买欲望，激发他们的消费需求。例如，提供让受众参与的广告，使受众觉得开心而又无法拒绝这些产品，这才是电子网络广告真正诱人之处。

通栏类广告以动画的形式全方位地对企业进行展示，以及阐述企业产品的形象定位。在设计通栏类广告动画时，有以下3点基本要求。

>通常有很多的技法，如遮罩法、变异法和模糊法等。

>应注意色彩与展示内容（产品）是否相符，如化妆品应以清新淡雅的颜色为主，婚纱则以柔美梦幻的颜色为主。

>不必采用过于复杂的动画类型，只要将产品展示并配以动态的说明文本即可。

6.1.3　精彩通栏类广告欣赏

通栏类广告在网络上随处可见，下面介绍白沙集团、华为技术有限公司和红豆集团有限公司3个企业中的通栏广告。

1.文化性企业

白沙集团是一个跨行业、跨地区经营的大型多元化企业集团，涉足卷烟制造、文化传播、印刷等多个产业。白沙集团网站首页中的通栏广告，将企业的文化和品牌简洁、优雅地展示在浏览者面前，如图6-1所示。

图6-1　白沙集团

2.技术性企业

华为技术有限公司在移动网络、固定网络和IP技术等核心领域取得了综合优势,是基于全IP的FMC解决方案的领导者,在网络融合与转型、超宽带、节能减排、新兴市场拓展等多方面为运营商提供有针对性的解决方案,为运营商迈入全IP与融合时代提供强有力的支持。华为技术有限公司网站首页中的通栏广告,将企业的最新技术和企业优势全面地展示在浏览者面前,如图6-2所示。

图6-2 华为技术有限公司

3.综合性企业

红豆集团是江苏省重点企业,产品包括服装、机车轮胎、地产、生物制药4大领域,是综合型发展企业。红豆集团网站首页中的通栏广告,将企业所在的领域全面、直观地展示在浏览者面前,如图6-3所示。

图6-3 红豆集团有限公司

6.2 精彩项目1——中国移动通信通栏广告

本实例将模拟制作中国移动通信的通栏广告,整个动画以蓝色渐变图形为背景,使画面给浏览者一种深远、整洁、轻快的感觉。整个动画共分为4个画面,依次将中国移动通信公司的标识、服务理论、企业经营措施等逐一展示出来。广告中的文本大多应用了滤镜效果,使文本在保持美观的同时又不与背景的颜色产生冲突,从而使画面显得更加美观。

6.2.1 效果展示——动态效果赏析

本实例制作的是中国移动通信通栏广告,动态效果如图6-4所示。

图6-4 中国移动通信通栏广告

6.2.2 设计导航——流程剖析与项目规格

本节主要通过对通栏类广告的规格及效果流程图的展示，让读者先行一步了解"中国移动通信通栏广告"动画的一般设计过程以及各种通栏类广告的规格，为后面设计通栏广告打下基础。

1.项目规格——776像素×220像素（宽×高）

通栏广告的规格一般均采用横向式的版面，使画面横向充满整个屏幕，这样具有极强的视觉效果。根据客户的需求，该广告的尺寸为776×220像素，规格展开图如图6-5所示。

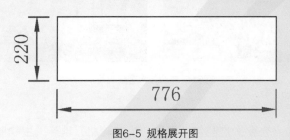

图6-5 规格展开图

2.流程剖析

本案例的制作流程剖析如下所示。

Step 1 制作场景1画面
技术关键点："导入"命令、文本、遮罩、滤镜

Step 2 制作场景2画面
技术关键点：文本工具、滤镜、运动补间

Step 3 制作场景3画面
技术关键点：文本工具、传统补间动画

Step 4 制作场景4画面
技术关键点：遮罩、形状补间动画、传统补间动画

6.2.3 实战步骤1——制作发光球和发射光元件

制作发光球和发射光元件的具体操作步骤如下：

Step 1 新建文档并设置其属性，然后将所有素材导入到库中。新建"光球1"图形元件，使用椭圆工具在舞台上绘制一个"宽"和"高"均为127.9的正圆，并设置"填充颜色"为"白色"至"白色"（Alpha值为0%）的径向渐变，效果如图6-6所示。

Step 2　新建"光球2"图形元件，绘制一个"宽"和"高"均为214.9的正圆，"填充颜色"依次为"白色"、"白色"（Alpha值为50%）至"白色"（Alpha值为0%）的径向渐变，效果如图6-7所示。

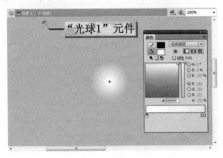

图6-6 创建"光球1"元件　　　　　图6-7 创建"光球2"元件

Step 3　新建"渐变光束"图形元件，绘制一个"宽"和"高"分别为746.95和19.05的椭圆，"填充颜色"依次为"白色"（Alpha值为0%）、"白色"（Alpha值为100%）至"白色"（Alpha值为0%）的径向渐变，效果如图6-8所示。

Step 4　新建"光环"图形元件，绘制一个"宽"和"高"均为214.9的正圆，"填充颜色"依次为"白色"（Alpha值为0%）、"白色"（Alpha值为100%）至"白色"（Alpha值为0%）的径向渐变，效果如图6-9所示。

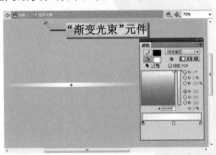
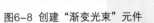
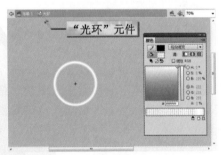

图6-8 创建"渐变光束"元件　　　　图6-9 创建"光环"元件

Step 5　新建"发光球动画1"影片剪辑元件，在"图层1"的第8帧插入空白关键帧，将"光球2"元件拖动至舞台，并设置变形值44.5%。依次在第12、15、21、27、28、35和41帧插入关键帧，并在各关键帧之间创建传统补间动画。依次设置各关键帧实例的大小和Alpha值，制作出光球由小变大再变淡的效果，如图6-10所示。

Step 6　新建"图层2"和"图层3"，将"光球1"和"光环"元件分别放在这两个图层，将其作为发光球的光源中心，制作出由小变大再变淡的效果，如图6-11所示。

Step 7　新建"图层4"、"图层7"，将"渐变光束"元件放置在这4个图层中，根据发光球由小变大再变淡的效果，创建相应的传统补间动画，如图6-12所示。

Step 8　新建"图层9"，在该图层的第43帧插入空白关键帧，并为该帧添加"stop ();"

脚本。参照"发光球动画1"影片剪辑元件的创建,创建"发光球动画2"影片剪辑元件,制作出发光球变大变亮再旋转变小变淡的动画,如图6-13所示。

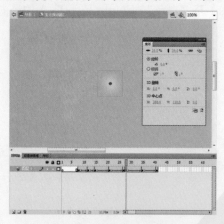

图6-10 制作光球动画

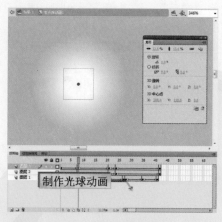

图6-11 制作光源动画

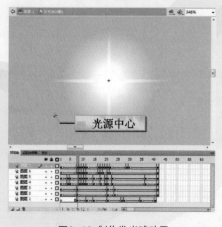

图6-12 制作发光球动画

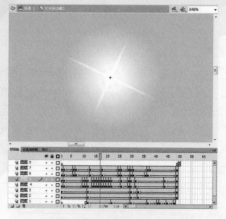

图6-13 创建"发光球动画2"元件

Step 9 新建"发光球"影片剪辑元件,将"发光球动画1"元件拖动至舞台,在"变形"面板中设置"缩放宽度"值和"缩放高度"值均为120%。在"图层1"的第29帧插入帧。新建"图层3",在该图层的第30帧插入空白关键帧,并为该帧添加"stop ();"脚本。

Step 10 新建"发射光"影片剪辑元件,将"光束"元件拖动至舞台。单击任意变形工具,选择实例,将变形中心点移至变形框的左上角,如图6-14所示。

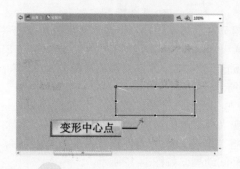

图6-14 添加"光束"实例

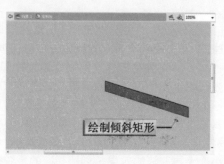

图6-15 绘制倾斜矩形

Step 11 新建"图层2",单击矩形工具,绘制一个可以覆盖光束对象的矩形。使用任意变形工具将其倾斜变形并适当旋转,与光束对象的倾斜方向基本一致,如图6-15所示。

Step 12 在"图层1"和"图层2"的第18帧插入帧,在"图层2"的第17~18帧插入关键帧,并在该图层的第1~17帧之间创建补间形状动画,如图6-16所示。

Step 13 选择"图层2"中第1帧对应的实例,设置"宽"值和"高"值均为32.5。选择第17帧对应的实例,删除其中的填充,如图6-17所示。

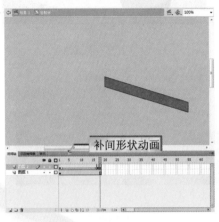
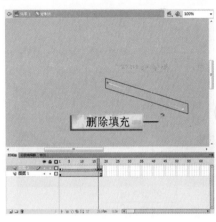

图6-16 创建补间形状动画　　　　　　　图6-17 删除填充

Step 14 将"图层2"中第18帧对应的实例转换为"倾斜矩形"图形元件,新建"图层3",并将"图层3"放置在最底层。

Step 15 在"图层3"的第19帧插入空白关键帧,将"图层1"中的实例粘贴至该图层的当前位置,并在"图层2"和"图层1"之间创建遮罩动画。新建"图层4",在该图层的第19帧插入空白关键帧,并为该帧添加"stop ();"脚本。

6.2.4 实战步骤2——制作并合成场景1

制作并合成场景1的具体操作步骤如下:

Step 1 按〈Ctrl+E〉组合键,返回主场景。将"背景1"图层更名为"背景",将"库"面板中的"背景"元件拖动至舞台,在"属性"面板中,设置X值和Y值分别为656.9和146.5,效果如图6-18所示。

Step 2 在"背景"图层的第122~132帧插入关键帧,依次调整第123~132帧所对应实例的Y值为88.65、114.65、137.6、155.95、174.3、188.05、198.75、206.4、210.95和212.5,并在各关键帧创建传统补间动画,制作出背景图片由上至下的动画,如图6-19所示。

Step 3 新建"美女"图层,将"库"面板中的"美女"元件拖动至舞台,设置X值和Y值分别为656.9和146.5,并在"背景"和"美女"图层的第464帧插入帧,如图6-20所示。

Step 4 新建"营业厅"图层,在该图层的第32帧插入空白关键帧,将"营业厅动画"影片剪辑元件拖动至舞台,设置X值和Y值分别为28和38,效果如图6-21所示。

Step 5 在"营业厅"图层的第115、116、118、119、121和123帧插入关键帧,并在第115~123帧之间创建传统补间动画,如图6-22所示。

Step 6 选择第116帧对应的实例,修改X值为17.7、Alpha值为77%,依次修改后面关键帧的X值和Alpha值,制作出营业厅图像向左运动并渐变隐退的动画,并在该图层的第124帧插入空白关键帧,如图6-23所示。

图6-18 添加"背景"实例

图6-19 创建传统补间动画

图6-20 添加"美女"实例

图6-21 添加"营业厅动画"实例

图6-22 创建传统补间动画

图6-23 修改实例的X值和Alpha值

Step 7　新建"发射光"图层，在该图层的第15帧插入空白关键帧，将"发射光"影片剪辑元件拖动至舞台，放置在人物手指上方。使用任意变形工具，将变形框中心点移至实例中心，如图6-24所示。

Step 8　在"发射光"图层的第115和121帧插入关键帧，在第122帧插入空白关键帧，并在第115~121帧之间创建传统补间动画。选择第121帧对应的实例，设置Alpha值为0%，如图6-25所示。

Step 9　新建"广告语1"图层，在该图层的第60帧插入空白关键帧。单击文本工具，在舞台上创建"便捷您为先　服务在身边"文本，并在"属性"面板中设置字体的"系列"、"大小"和"文本（填充）颜色"分别为"方正大黑简体"、40和"白色"，如图6-26所示。

Step 10　保持文本为选中状态，单击"文本"→"样式"→"仿斜体"命令，将文本倾斜。按〈F8〉键，将文本转换为"广告语1"影片剪辑元件。双击文本，进入元件编辑区，效果如图6-27所示。

图6-24 添加"发射光"实例　　　　　　　图6-25 设置实例的Alpha值

图6-26 输入文字内容　　　　　　　图6-27 创建影片剪辑元件

Step 11　　新建"图层2",将"图层1"中的文本复制并粘贴至该图层。锁定"图层2",选中"图层1"中的文本,为其添加"颜色"为"淡蓝色"(#0099CC)的"发光"滤镜,效果如图6-28所示。

Step 12　　保持文本为选中状态,再次为其添加"距离"为2像素、"颜色"为"黑色"的"投影"滤镜,效果如图6-29所示。

图6-28 添加"发光"滤镜　　　　　　　图6-29 添加"投影"滤镜

Step 13　　按〈Ctrl+E〉组合键,返回主场景。新建"广告语2"图层。参照"广告语1"元件的创建,新建"广告语2"元件,其文本所对应的字体大小为22,效果如图6-30所示。

Step 14　　同时在"广告语1"和"广告语2"图层的第63、66、70、72和74帧插入关键帧,并在各关键帧之间创建传统补间动画,如图6-31所示。

Step 15　　依次设置"广告语1"和"广告语2"图层第60、63、66、70和72帧所对应实例的Alpha值为0%、35%、65%、85%和95%,效果如图6-32所示。

Step 16　　在"广告语1"图层的第111、117、118和119帧插入关键帧,在第120帧插入空白关键帧,并在第111~117帧之间创建传统补间动画,如图6-33所示。

Step 17　　依次设置第117、118和119帧对应实例的X值为239.95、238.2和236.45,制作出广告语向左小距离移动的动画,如图6-34所示。

Step 18　　在"广告语2"图层的第111和119帧插入关键帧,在第120帧插入空白关键帧,并在第111~119帧之间创建传统补间动画。选择第119帧对应的实例,设置X值为328、Alpha值为0%,效果如图6-35所示。

图6-30 创建"广告语2"元件

图6-31 创建传统补间动画

图6-32 设置实例的Alpha值

图6-33 创建传统补间动画

图6-34 设置实例的X值

图6-35 设置实例的属性

6.2.5　实战步骤3——制作并合成场景2

制作并合成场景2的具体操作步骤如下：

Step 1　新建"发光球1"图层，并在第138帧插入空白关键帧。将"发光球"影片剪辑元件拖动至舞台，放置在人物手指的上方，效果如图6-36所示。

Step 2　新建"文本1"图层，并在第146帧插入空白关键帧。单击文本工具，在舞台上创建文本，在"属性"面板中设置字体的"大小"为18，并修改引号及引号中文本的"文本（填充）颜色"为"黄色"，效果如图6-37所示。

图6-36 添加"发光球"实例

图6-37 创建文本

Step 3　保持文本为选中状态，按〈F8〉键，将其转换为"文本1"元件。依次在"文本1"图层的第148、150、152、153和154帧插入关键帧，并在各关键帧之间创建传统补间动画，如图6-38所示。

Step 4　依次设置第146、148、150、152和153帧所对应实例的Alpha值和X值，制作出文本从左向右并逐渐清晰的开始动画，如图6-39所示。

图6-38 转换元件

图6-39 创建传统补间动画

Step 5　在"文本1"图层的第286、287、289、290和292帧插入关键帧，在第293帧插入空白关键帧，并在各关键帧之间创建传统补间动画，如图6-40所示。

Step 6　依次设置第287、289、290和292帧所对应实例的Alpha值和X值，制作出文本从左向右并逐渐隐退的结束动画，如图6-41所示。

Step 7　新建"文本2"图层，并在第159帧插入空白关键帧。使用文本工具，在舞台上创建"资费套餐量身优势"文本,并在"属性"面板中设置字体的"文本(填充)颜色"为"黄色",效果如图6-42所示。

Step 8　保持文本为选中状态,按〈F8〉键,将其转换为"文本2"影片剪辑元件。双击文本,进入元件编辑区,效果如图6-43所示。

图6-40 创建传统补间动画

图6-41 设置实例的属性

图6-42 创建文本

图6-43 转换为元件

Step 9　参照"广告语1"中文本的"发光"和"投影"滤镜的添加,为"文本2"元件中的文本添加相同的滤镜,效果如图6-44所示。

Step 10　新建"图层3",使用椭圆工具,设置"填充颜色"和"笔触颜色"分别为"白色"和无,在文本的左侧绘制一个"宽"和"高"均为8.8的正圆,效果如图6-45所示。

图6-44 添加滤镜

图6-45 绘制小圆

Step 11　按〈Ctrl+E〉组合键,返回主场景。参照"文本1"图层中从左向右渐出至渐隐的文本动画,创建"文本2"图层中的文本动画,制作出文本由左向右渐出并渐隐的动画,效果如图6-46所示。

Step 12　参照"文本1"图层中动画的创建,依次创建"文本3"～"文本7"图层中的文本动画,完成场景2中品牌的7种优势措施的展示,效果如图6-47所示。

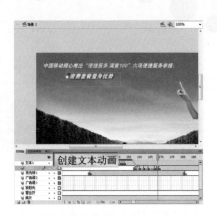

图6-46 制作文本动画

图6-47 制作文本动画

6.2.6 实战步骤4——制作并合成场景3

制作并合成场景3的具体操作步骤如下：

Step 1 新建"广告语3"图层，并在第296帧插入空白关键帧。单击文本工具，在舞台上创建"为您满意百分百，"文本，并在"属性"面板中设置字体的"大小"和"文本(填充)颜色"为24和"白色"，效果如图6-48所示。

Step 2 保持文本为选中状态，按〈F8〉键，将其转换为"广告语3"影片剪辑元件。依次在"文本1"图层的第297、299、302、303、304、306和307帧插入关键帧，并在各关键帧之间创建传统补间动画，如图6-49所示。

图6-48 创建文本

图6-49 创建传统补间动画

Step 3 依次设置第146、148、150、152和153帧所对应实例的Alpha值和X值，制作出文本从右向左并逐渐清晰的动画，如图6-50所示。

Step 4 在"广告语3"图层的第356和364帧插入关键帧，在第365帧插入空白关键帧，并在各关键帧之间创建传统补间动画，如图6-51所示。

Step 5 设置第364帧对应实例的Alpha值和X值分别为0%和0.1，制作出文本从右向左并渐变隐退的结束动画，如图6-52所示。

Step 6 参照"广告语3"图层中文本动画的制作，创建"广告语4"图层中的文本动画，其运动方向与"广告语3"图层中的相反。至此，完成场景3中品牌服务宗旨的展示，效果如图6-53所示。

图6-50 创建文本动画　　　　　　　　图6-51 创建传统补间动画

图6-52 创建结束动画　　　　　　图6-53 创建"广告语4"文本动画

Step 7　在"发光球1"图层的第182~291帧插入关键帧，删除第182帧对应的实例，并删除该图层第364帧之后的所有帧，如图6-54所示。

Step 8　返回主场景编辑区，新建"发光球2"图层，在该图层的第416帧插入空白关键帧，将"库"面板中的"发光球动画2"元件拖动至舞台，设置X值和Y值分别为488.5和82.45，效果如图6-55所示。

Step 9　新建"主页按钮"图层，使用矩形工具，绘制一个与舞台等大的矩形。保持矩形为选中状态，按〈F8〉键，将其转换为"主页按钮"按钮元件，如图6-56所示。

图6-54 插入关键帧并删除实例

灵犀一指

在Flash中，由于后面创建的图层与所选择的图层中包含的帧相同，因此，通常需要删除新建图层中多余的帧。

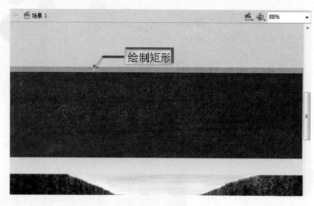

图6-55 添加"发光球动画2"实例

图6-56 绘制矩形

Step 10 双击"主页按钮"元件，进入该元件的编辑区。选择"点击"帧，按〈F5〉键，插入帧；选择矩形，再次按〈F8〉键，将其转换为"矩形"图形元件，并设置实例的Alpha值为0%。

Step 11 按〈Ctrl+E〉组合键，返回主场景编辑区，选择"主页按钮"实例，打开"动作"面板，从中输入相应的链接脚本。最后，保存并测试该动画。

6.2.7 案例小结

在制作企业宣传类广告时，设计者应该注重宣传对象的主题。例如，在本案例中，宣传的是中国移动通信，所以，设计者应该围绕这个主题来设计，而不是单一地宣传某个商品，因为其主题是整个企业，而不是单一的产品。所以，在设计该类广告时，一定要找准对象下手，这样才能使广告不会脱离宣传的目的。

通过本案例的制作过程，设计者可以了解到如何将宣传的对象符合实际地表现出来，并找准宣传对象的路线。沿着这条路线进行设计，以便能够向浏览者说明广告所要表达的内容及宣传的目的。

6.3 精彩项目2——海盛集团有限公司通栏广告

本实例将模拟制作海盛集团有限公司通栏广告，广告以天空的蓝色和草地的绿色将整个动画衬托得纯静、空旷。再配上天然树木的绿色，给浏览者带来亲切、自然的感觉。精致的功能特点动画、清雅的竹枝、高品质的显示器及画面中的大片竹林和太阳光束，将企业的文化和产品完美和谐地展示出来。

6.3.1 效果展示——动态效果赏析

本实例制作的是海盛集团有限公司通栏广告，动态效果如图6-57所示。

图6-57 海盛集团有限公司通栏广告

6.3.2 设计导航——流程剖析与项目规格

本节主要通过对通栏式广告的规格展示以及效果流程图展示，让读者先行一步了解"海盛集团有限公司通栏广告"动画的一般设计过程以及各种通栏类广告的规格，为后面设计通栏广告打下基础。

1.项目规格——886×343像素（宽×高）

根据客户的需求，此广告的尺寸设计为886×343像素，规格展开图如图6-58所示。

图6-58 规格展开图

2.流程剖析

本案例的制作流程剖析如下。

Step 1 导入外部库，并制作其他元件	Step 2 布局总动画
技术关键点："导入"命令、文本工具、元件	技术关键点：时间轴、"库"面板、添加实例

Step 3 制作LED和功能特点动画	Step 4 制作竹子动画并测试动画
技术关键点：文本工具、脚本、遮罩动画间动画	技术关键点：遮罩动画、保存、测试影片

6.3.3 实战步骤1——布局总动画

布局总动画的具体操作步骤如下：

Step 1 新建一个空白Flash文件并修改其属性，然后将所有素材导入至库中。将"背景"元件拖动至舞台，单击"对齐"面板中的"水平中齐"按钮和"垂直中齐"按钮，调整实例的位置，效果如图6-59所示。

Step 2 保持"背景"实例为选中状态，按〈F8〉键，将其转换为"总动画"影片剪辑元件。双击"总动画"实例，进入该元件的编辑区，如图6-60所示。

图6-59 添加"背景"实例　　　　　图6-60 进入"总动画"元件编辑区

Step 3 将"图层1"重命名为"背景"图层，并在该图层的第80帧插入帧。连续单击5次"新建图层"按钮，创建5个图层，由下至上依次重命名为"特点"、LED、"竹子"、LOGO和Action，如图6-61所示。

Step 4 选择LOGO图层，将"库"面板中的LOGO元件拖动至舞台，放在舞台的右上角，效果如图6-62所示。

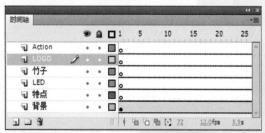 

图6-61 新建图层　　　　　图6-62 添加LOGO实例

131

6.3.4 实战步骤2——制作LED动画

制作LED动画的具体操作步骤如下：

Step 1　在LED图层的第4帧插入关键帧，将"库"面板中的LED元件拖动至舞台。使用任意变形工具，将变形框的中心点移至实例的中心处，并设置X值和Y值分别为629.45和295.05，效果如图6-63所示。

Step 2　保持LED实例为选中状态，按〈F8〉键，将其转换为"LED动画"影片剪辑元件。双击"LED动画"实例，进入该元件的编辑区，如图6-64所示。

图6-63 添加"LED"实例

图6-64 进入"LED动画"元件编辑区

Step 3　在"图层1"的第134帧插入帧，新建"图层2"，并在该图层的第30帧插入关键帧。将"阳光照射"影片剪辑元件拖动至舞台，放在显示器图像的上方，如图6-65所示。

Step 4　使用任意变形工具选中"阳光照射"实例，将变形框的中心点移至实例的中心处，如图6-66所示。新建"图层3"，在该图层的第30帧插入空白关键帧，并为该帧添加"stop();"脚本。

图6-65 添加"阳光照射"实例

图6-66 添加脚本

Step 5　单击舞台上方的"总动画"影片剪辑元件名称，返回"总动画"影片剪辑元件编辑区，在"LED"图层的第9～20帧、第22~23帧插入关键帧，并在各关键帧之间创建传统补间动画，如图6-67所示。

Step 6　选择"LED"图层中第4帧对应的实例，在"属性"面板中设置"颜色样式"为"高级"，并设置"红"、"绿"、"蓝"均为255，Alpha值为0%，效果如图6-68所示。

Step 7　选择"LED"图层中第9帧对应的实例，在"属性"面板中设置"颜色样式"为"高级"，并设置"红"、"绿"、"蓝"均为255，Alpha值为100%，效果如图6-69所示。

Step 8　选择"LED"图层中第10帧对应的实例，在"属性"面板中设置"颜色样式"

为"高级",并设置"红"、"绿"、"蓝"均为220,Alpha值为100%,效果如图6-70所示。

图6-67 创建传统补间动画

图6-68 设置实例的颜色样式

图6-69 设置实例的颜色样式

图6-70 设置实例的颜色样式

> **灵犀一指**
>
> 在"属性"面板中设置"颜色样式"为"高级",可以分别调整实例的红色、绿色、蓝色和透明度值。对于在位图这样的对象上创建和制作具有微妙色彩效果的动画,此选项非常有用。左侧的控件使用户可以按指定的百分比设置颜色或透明度的值。右侧的控件使用户可以按常数值设置颜色或透明度的值。

Step 9 分别设置LED图层中第10~20帧和第22帧对应实例的"颜色样式","高级"参数值依次为187、157、130、105、83、64、47、33、21、18、12和1。

6.3.5 实战步骤3——制作功能特点动画

制作功能特点动画的具体操作步骤如下:

Step 1 按〈Ctrl+F8〉组合键,弹出"创建新元件"对话框,新建一个名为"环保功能"的影片剪辑元件。双击刚刚创建的元件,进入该元件的编辑区,将"环保图标"元件拖动至舞台,设置X值和Y值均为0,效果如图6-71所示。

Step 2 单击任意变形工具,选择"环保图标"实例,将变形框的中心点移至实例的中心处，并在"图层1"的第50帧插入关键帧，如图6-72所示。

图6-71 添加"环保图标"实例   图6-72 调整变形框中心点

Step 3   新建"图层2"，在该图层的第20帧插入空白关键帧。将"电池"元件拖动至舞台，设置X值和Y值均为21.5。单击任意变形工具，将变形框的中心点移至实例的中心处，如图6-73所示。

Step 4   在"图层2"的第22、24、26、27、30、31和32帧插入关键帧，依次设置各关键帧所对应实例的X值为-28、-23.9、-11.5、9.1、22.5、19和20.25。在各关键帧间创建传统补间动画，制作电池从左向右移动的动画，如图6-74所示。

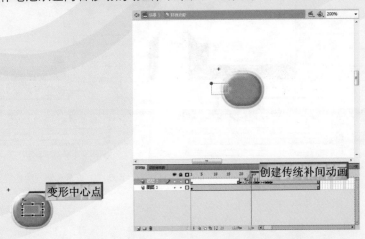

图6-73 添加"电池"实例   图6-74 创建传统补间动画

Step 5   新建"图层3"，在该图层的第32帧插入空白关键帧，将"电量动"元件拖动至舞台，设置X值和Y值均为25.25。单击任意变形工具，将变形框的中心点移至实例的中心处，如图6-75所示。

Step 6   在"图层3"的第38~39帧插入关键帧，并在各关键帧之间创建传统补间动画。选择该图层第32帧对应的实例，设置Alpha值为0%、X值为23.75，如图6-76所示。

Step 7   选择"图层3"中第38帧对应的实例，设置Alpha值为86%、X值为25.05，如图6-77所示。

👉 灵犀一指

在变形期间，所选元素将出现一个变形点。变形点最初与对象的中心点对齐。用户可以移动变形点，将其返回到它的默认位置以及移动默认原点。

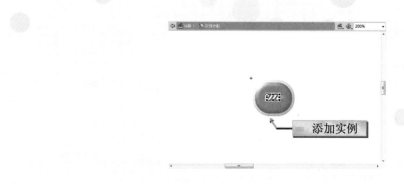

图6-75 添加"电量动"实例

图6-76 设置实例的属性　　　　　　　　图6-77 设置实例的属性

Step 8　新建"图层4"，在该图层的第20帧插入空白关键帧，将"圆角矩形"元件拖动至舞台，设置X值和Y值分别为0.9和0。单击任意变形工具，将变形框的中心点移至实例的中心处，如图6-78所示。

Step 9　右击"图层4"，在弹出的快捷菜单中单击"遮罩层"命令，创建遮罩动画，如图6-79所示。

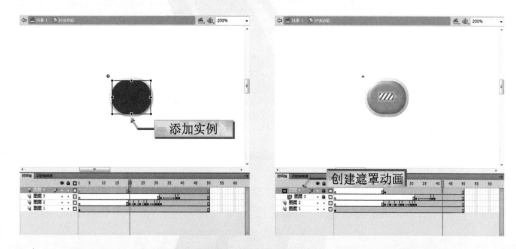

图6-78 添加"圆角矩形"实例　　　　　　图6-79 创建遮罩动画

Step 10　新建"图层5"，在该图层的第50帧插入空白关键帧，并为该帧添加"stop　();"脚本。参照"环保功能"影片剪辑元件的制作过程，创建"绚丽功能"、"节能功能"、"纤薄功能"影片剪辑元件。

135

6.3.6 实战步骤4——合并功能特点动画

合并功能动画的具体操作步骤如下：

Step 1 按〈Ctrl+E〉组合键，返回主场景。双击舞台中的"总动画"实例，进入"总动画"影片剪辑元件编辑区，如图6-80所示。

Step 2 在"特点"图层的第34帧插入关键帧，将"环保功能"影片剪辑元件拖动至舞台，设置X值和Y值分别为245.7和142.5，效果如图6-81所示。

图6-80 进入"总动画"元件编辑区　　　　图6-81 添加"环保功能"实例

Step 3 选择"环保功能"实例，按〈F8〉键，将其转换为"总特点动画"影片剪辑元件。双击"总特点动画"实例，进入该元件的编辑区，如图6-82所示。

Step 4 将"图层1"命名为"环保"，在该图层的第13~14帧插入关键帧，在第121帧插入帧，并在第1~13帧之间创建传统补间动画，如图6-83所示。

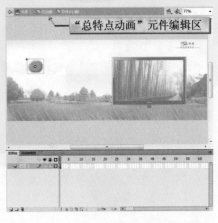

图6-82 转换为元件　　　　　　　　图6-83 创建传统补间动画

Step 5 依次设置"环保"图层中第1和13帧对应实例的Alpha值为20%和94%，效果如图6-84所示。

Step 6 参照"环保"图层中动画的创建，依次创建"绚丽"、"节能"、"纤薄"图层，对应的实例分别为"绚丽功能"、"节能功能"和"纤薄功能"，如图6-85所示。

灵犀一指

由于"绚丽功能"、"节能功能"和"纤薄功能"实例的出场动画与"环保"图层中的"环保功能"实例的出场动画相似，只是实例的出场位置和时间不同，读者通过举一反三，相信可以快速制作出这3个实例所在图层中的动画。

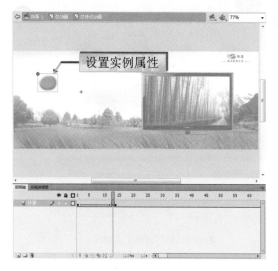

图6-84 设置实例的属性

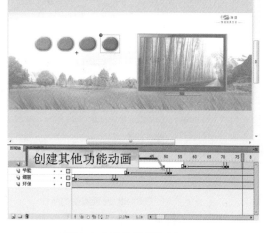

图6-85 创建其他功能动画

Step 7　新建"文本1"图层。单击文本工具，在第一个功能图标下方创建"环保"文本，并在"属性"面板中设置字体的"系列"、"大小"和"文本（填充）颜色"分别为"方正大黑简体"、12和"绿色"（#37A64D），如图6-86所示。

Step 8　保持文本为选中状态，按〈F8〉键，将其转换为"环保"影片剪辑元件。在该图层的第13~14帧插入关键帧，并在第1~13帧之间创建传统补间动画，如图6-87所示。

图6-86 创建文本

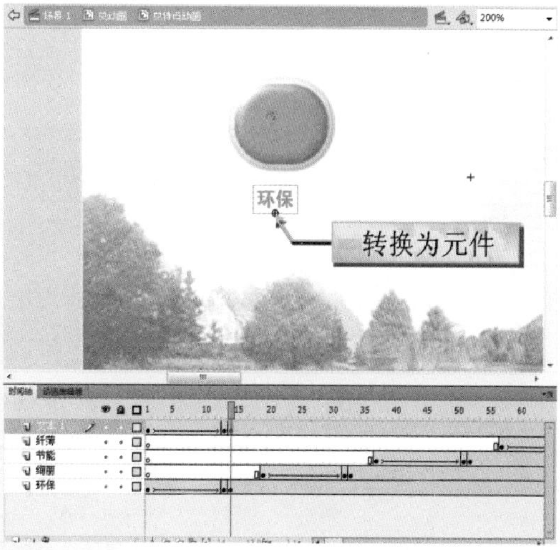

图6-87 转换为元件

Step 9　依次设置"文本1"图层中第1和13帧对应实例的Alpha值为0%和90%，效果如图6-88所示。

Step 10　参照"文本1"图层中动画的创建，依次创建"文本2"、"文本3"、"文本4"图层中的文本动画，如图6-89所示。

Step 11　新建"海盛"图层，在该图层的第77帧插入关键帧。单击文本工具，在第一个功能图标上方创建"海盛LED"文本。保持文本为选中状态，按〈F8〉键，将其转换为"海盛"影片剪辑元件，如图6-90所示。

137

图6-88 设置实例的属性

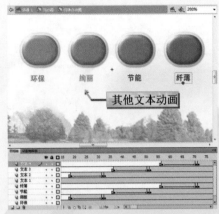

图6-89 创建其他文本动画

Step 12　　新建"广告语"图层，在该图层的第77帧插入关键帧。单击文本工具，在"海盛LED"文本右侧创建"平板大趋势 畅享 海盛LED"文本。保持文本为选中状态，按〈F8〉键，将其转换为"广告语"影片剪辑元件，如图6-91所示。

图6-90 创建文本并转换为元件

图6-91 创建文本并转换为元件

Step 13　　依次在"海盛"图层的第79、82、83、85、87和88帧插入关键帧，并在各关键帧之间创建传统补间动画，如图6-92所示。

Step 14　　依次设置第146、148、150、152和153帧对应实例的Alpha值及X值，制作出文本从左向右并逐渐清晰的动画，如图6-93所示。

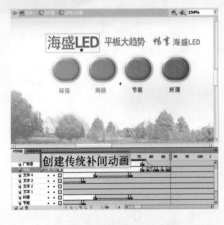

图6-92 创建传统补间动画

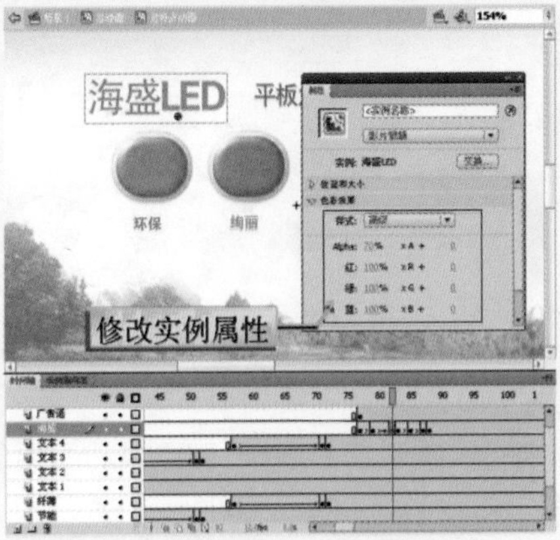

图6-93 修改实例属性

Step 15　　参照"海盛"图层中的文本动画，创建"广告语"图层中的文本动画，但运动方向与"海盛"图层中的相反,如图6-94所示。

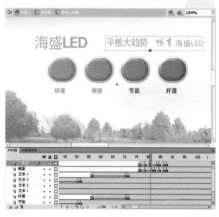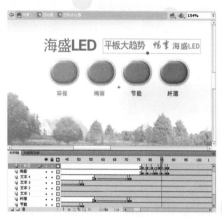

图6-94 创建文本动画

Step 16 新建Action图层,在该图层的第121帧插入空白关键帧,并为该帧添加"stop ();"
脚本。

6.3.7 实战步骤5——制作竹子特效动画

制作竹子特效动画的具体操作步骤如下:

Step 1 双击舞台上方的"总动画"影片剪辑元件,进入该元件的编辑区。在"竹子"图
层的43帧插入关键帧,将"竹枝"元件拖动至舞台,在显示器的左上侧,如图6-95所示。

Step 2 单击任意变形工具,选择"竹枝"实例,将变形框的中心点移至实例的中心处。
单击选择工具,选择"竹枝"实例,按〈F8〉键,将其转换为"竹子总动画"影片剪辑元件,如
图6-96所示。

图6-95 添加"竹枝"实例　　　　　　　　　图6-96 调整变形框的中心点

Step 3 双击"竹子总动画"实例,进入该元件的编辑区。在"图层1"的第105帧插入帧,
如图6-97所示。

Step 4 新建"图层2",将"库"面板中的"竹子遮罩元件"文件夹中"形状1"元件拖
动至舞台,设置X值和Y值均为0。单击任意变形工具,选择"形状1"实例,将变形框的中心点
移至实例的中心处,如图6-98所示。

图6-97 进行元件的编辑区　　　　　　　　　图6-98 添加"形状 1"实例

Step 5　在"图层2"的第2帧插入空白关键帧，将"竹子遮罩元件"文件夹中的"形状2"元件拖动至舞台，设置X值和Y值均为0。单击任意变形工具，选择"形状 1"实例，将变形框的中心点移至实例的中心处，如图6-99所示。

Step 6　依次在"图层2"中插入空白关键帧，将"竹子遮罩元件"文件夹中的元件依次拖动至舞台，放在相应的关键帧处，如图6-100所示。

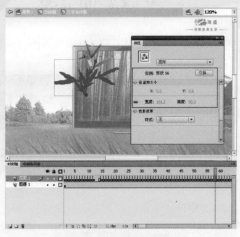

图6-99 添加"形状 2"实例　　　　　　　　　图6-100 添加其他遮罩实例

Step 7　新建"图层3"，将其放置在"图层1"的下方。在该图层的第30帧插入空白关键帧，将"竹叶"元件拖动至舞台，设置X值和Y值分别为-1和63，如图6-101所示。

图6-101 添加"竹叶"实例　　　　　　　　　图6-102 设置实例的属性

Step 8 在"图层3"的第47和48帧插入关键帧，并在第30~47帧之间创建传统补间动画。依次设置第30和47帧对应实例的Alpha值为0%和95%，如图6-102所示。

Step 9 右击"图层2"，在弹出的快捷菜单中单击"遮罩层"命令，创建遮罩动画，如图6-103所示。

Step 10 新建"图层4"，在该图层的第48帧插入空白关键帧。将"合成竹叶动画"元件拖动至舞台，设置X值和Y值分别为299.25和10.55，效果如图6-104所示。

灵犀一指

通过逐帧动画、遮罩动画和补间动画，制作出竹子向上生长、竹叶飘落的动画。

图6-103 创建遮罩动画　　　　　　　　图6-104 添加"合成竹叶动画"实例

Step 11 新建"图层5"，在该图层的第105帧插入空白关键帧，并为该帧添加"stop ();"脚本。

Step 12 返回"主动画"影片剪辑元件编辑区，选择Action图层。在该图层的第80帧插入空白关键帧，并为该帧添加"stop ();"脚本。

至此，完成整个动画的设计与制作。

6.3.8　案例小结

对于电脑或数码产品的广告设计，应该突出价格和性能，优惠的价格可使浏览者忍不住停下来将该商品与其他商品进行比较。当价格满意后，看中的是商品的性能。如果使用价值能够令浏览者满意，会决定购买该商品。即便此次不会购买该商品，当浏览者下次购买此类商品时，也会对该产品留有印象，从而使广告起到宣传的效果。

通过本案例的制作过程，可以了解如何通过商品本身的价值进行宣传，并激发浏览者"驻足"观看该广告的欲望，从而达到宣传商品的目的。

读书笔记

第7章

对联类广告

对联类广告是一种竖直方向形式的广告，出现在网页的两侧，广告的尺寸为100像素×300像素，是一种占用网页篇幅比较小的网络广告。因为既不影响网页的整体效果，也可以起到宣传的作用，所以是现在比较流行的广告。尽管对联广告的宽度较小，但是用户可以利用其高度的优势制作效果，弥补宽度的不足，这样同样可以制作非常完美的效果。

本章以银行网站对联广告和购物网站对联广告两个精彩项目为例，向读者详细介绍企业网站对联类广告的创意技巧和设计方法。通过本章两个项目的制作，相信读者可以制作出优秀的对联类广告动画。

案例欣赏

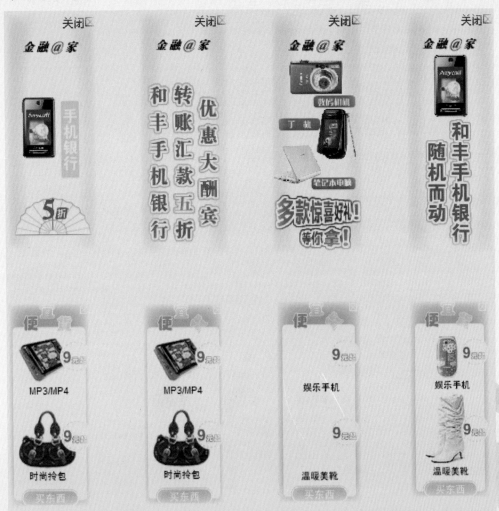

7.1 领先一步——对联类广告专业知识

对联类广告是常见的一种网络广告，显示在页面的两侧，并且会跟随页面的显示做出相应的页面调整，可谓是十分灵活。下面将首先对该类广告的设计特点和要求进行介绍。

7.1.1 对联类广告的特点

对联类广告会随着页面拖动而移动，备具动态，图片突出，用户接受度高，广告干扰度小，不容易惹人反感。对联类广告因版面所限，仅表现于1024×768及以上分辨率的屏幕上，800×600分辨率下无法观看。

对联类广告页面得以充分伸展，同时不干涉使用者浏览，注目焦点集中。另外，提高网友吸引点阅，并有效传播广告的相关信息。

7.1.2 对联类广告的设计要求

网站对联广告以动画的形式对网站的特点进行概括性地展示，在设计时，有以下3点基本要求。

> 既要体现出对联广告的特点，又要与所在页面的风格相统一。
> 制作对联广告动画的方法有很多，如图片的叠加法、遮罩法等。
> 无须复杂的效果，只要体现出网站的特点，给人耳目一新、与众不同的感觉即可。

7.1.3 精彩对联类广告欣赏

对联类广告在网络上随处可见，下面介绍数码相机、商品广告、娱乐网站3个对联类广告。

1.数码相机对联广告

图7-1所示的是数码相机对联广告动画，该动画简单、时尚，背景颜色进行蓝色的深浅变化，将产品的科技性展示出来。整个动画简洁、轻快，一气呵成。

图7-1 数码相机对联广告

2.官方网站对联广告

图7-2所示的是某网站的对联广告，动画以高饱和度的蓝色作为背景颜色，并配上半透明的

倾斜条提亮画面。动画通过4段文字对话,将网站所要表达的主题完全展示出来,趣味十足。

图7-2 官方网站对联广告

3.娱乐网站对联广告

娱乐网站是以音乐、影视等休闲娱乐为主的大众性网站,相对其他网站而言,有其独特的一面。图7-3所示的对联广告动画,画面色彩绚丽、个性张扬,将"前沿、时尚、流行"的特点展示出来。

图7-3 娱乐网站对联广告

7.2 精彩项目1——银行网站对联广告

本实例将模拟制作银行网站对联广告,为了与网页的颜色统一,所以对联广告的背景以黄色至白色的放射状渐变图形为主,从而使画面中的文本和其他物品显示得非常清晰。其中的文本以对比的形式显示,不仅形容了手机银行的时尚和潮流,还告知浏览者应该怎样才能参与其中,极具交互性。

7.2.1 效果展示——动态效果赏析

本实例制作的是银行网站对联广告，动态效果如图7-4所示。

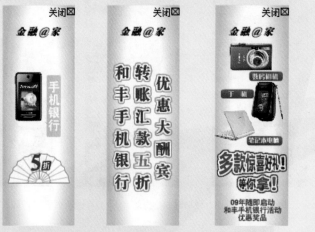

图7-4 银行网站对联广告赏析

7.2.2 设计导航——流程剖析与项目规格

通过上述知识的学习，相信读者已经对对联类广告有所了解。下面将具体介绍该类广告的常规尺寸与制作流程，以引导读者踏上设计征程。

1.项目规格——100像素×300像素（宽×高）

对联类广告的规格是100×300，所以画面是垂直形式。根据客户的需求，此广告的尺寸设计为100像素×300像素，规格展开图如图7-5所示。

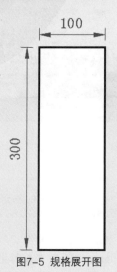

图7-5 规格展开图

2.流程剖析

本案例的制作流程剖析如下。

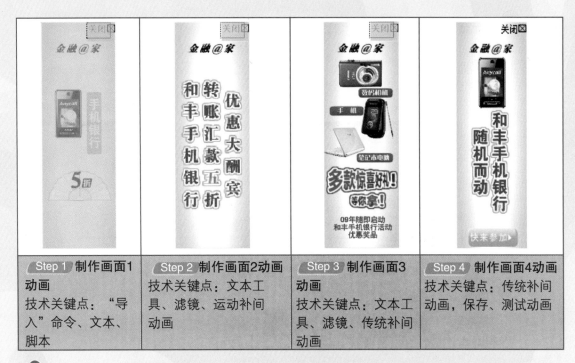

Step 1 制作画面1动画	Step 2 制作画面2动画	Step 3 制作画面3动画	Step 4 制作画面4动画
技术关键点："导入"命令、文本、脚本	技术关键点：文本工具、滤镜、运动补间动画	技术关键点：文本工具、滤镜、传统补间动画	技术关键点：传统补间动画，保存、测试动画

7.2.3 实战步骤1——制作各文本元件

关于文档的新建操作在此将不再介绍，下面将对各文本元件的具体操作进行介绍。

Step 1 新建"金融@家"影片剪辑元件，单击文本工具，在"属性"面板中设置字体的"系列"、"大小"、"文本（填充）颜色"和"字母间距"分别为"方正大标宋简体"、90、"黑色"和15，在舞台上创建"金融@家"文本，如图7-6所示。

Step 2 选择@文本，设置"大小"和"文本（填充）颜色"分别为100和"深红色"（#990000）。使用选择工具选择文本，依次单击"文本"→"样式"→"仿粗体"命令和"文件"|"样式"|"仿斜体"命令，为文本添加仿粗体和仿斜体样式，如图7-7所示。

图7-6 创建文本　　　　　　　图7-7 修改文本属性

小知识

如果所选字体不包括粗体或斜体样式，则在菜单中将不显示该样式。另外，操作系统已将仿粗体和仿斜体样式添加到常规样式。仿样式可能看起来不如包含真正粗体或斜体样式的字体效果好。

Step 3　新建"手机银行"影片剪辑元件。单击矩形工具，在舞台上绘制一个"宽"和"高"分别为30和124、"填充颜色"为"黄色"（#FFCC00）的矩形，如图7-8所示。

Step 4　新建"图层2"。单击文本工具，在矩形上创建"手机银行"垂直文本，在"属性"面板中设置字体的属性，如图7-9所示。

图7-8 绘制矩形　　　　　　　　　　　　　　图7-9 创建文本

Step 5　新建"图标文本1"影片剪辑元件，将"圆角矩形块"元件拖动至舞台，并调整其大小和位置，如图7-10所示。

Step 6　新建"图层2"。单击文本工具，在矩形上创建"数码相机"文本，在"属性"面板中设置字体的"系列"、"大小"、"文本（填充）颜色"和"字母间距"分别为"方正粗倩简体"、100、"白色"和15，如图7-11所示。

图7-10 添加"圆角矩形块"实例　　　　　　　图7-11 创建文本

Step 7　参照"图标文本1"影片剪辑元件的创建，新建"图标文本2"和"图标文本3"影片剪辑元件，如图7-12所示。

图7-12 新建"图标文本2"和"图标文本3"影片剪辑元件

Step 8　新建"文本1"影片剪辑元件。单击文本工具，在矩形上创建"优惠大酬宾　转账汇款五折"文本，在"属性"面板中设置字体的属性，如图7-13所示。

Step 9 选择"五"字，修改"文本（填充）颜色"为"桔红色"（#FF6600），如图7-14所示。

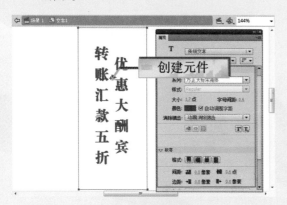 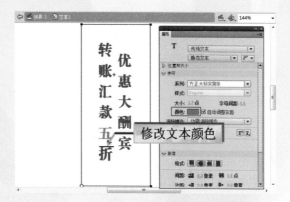

图7-13 创建垂直文本 图7-14 修改文字颜色

Step 10 使用选择工具选择文本，为其添加"颜色"分别为"白色"和"桔黄色"（#FF-9C0B）的"投影"滤镜，如图7-15所示。

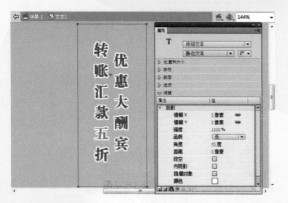 

图7-15 添加白色和桔黄色的投影

Step 11 参照"文本1"影片剪辑元件的创建，依次创建"文本2"、"文本3"和"文本7"影片剪辑元件，如图7-16所示。

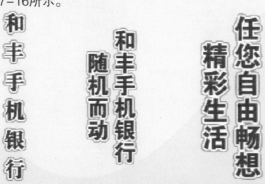

图7-16 创建"文本2"、"文本3"和"文本7"影片剪辑元件

Step 12 新建"文本组合"影片剪辑元件。在"图层1"的第11帧插入空白关键帧，将"文本5"元件拖动至舞台，设置"缩放宽度"和"缩放高度"均为84%，并为其添加"颜色"分别为"白色"和"暗红色"（#9E0E0E）的"投影"滤镜，如图7-17所示。

图7-17 添加"白色"和"暗红色"的投影

Step 13 在"图层1"的第14、15、16帧插入关键帧,在第17帧插入帧,并在关键帧之间创建传统补间动画。选择第11帧对应的实例,修改"缩放宽度"和"缩放高度"均为240%,并为其添加Alpha值为0%的颜色样式,如图7-18所示。

Step 14 依次选择"图层1"中第15和16帧对应的实例,修改"缩放宽度"和"缩放高度"均为72%和84%,如图7-19所示。

 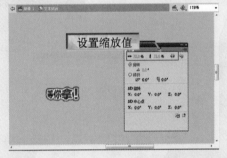

图7-18 修改实例的属性　　　　　　　图7-19 设置实例的缩放值

Step 15 参照"图层1"中各关键帧的创建,新建"图层2",为其添加"文本6"实例,制作出文本由大变小并逐渐清晰的动画,如图7-20所示。

图7-20 制作"文本6"实例动画

7.2.4 实战步骤2——合成画面1动画

合成画面1动画的具体操作步骤如下:

Step 1 按〈Ctrl+E〉组合键,返回主场景。将"图层1"更名为"背景",将"库"面板中的"背景"元件拖动至舞台，调整它的大小和位置，放在舞台正中央。在第3、4帧插入关键帧，并在第1~3帧之间创建传统补间动画。在第223处插入帧，如图7-21所示。

Step 2　依次选择"背景"图层第1和2帧对应的实例，分别设置Alpha值为0%和70%，如图7-22所示。

图7-21 添加"背景"实例

图7-22 设置实例的Alpha值

Step 3　新建"金融@家"图层，将"金融@家"元件拖动至舞台，设置"缩放宽度"值和"缩放高度"值均为15%、X值和Y值分别为19.25和28.8，如图7-23所示。

Step 4　新建"链接按钮"图层，将"链接按钮"元件拖动至舞台，调整至舞台同大，放在舞台的正中央，如图7-24所示。选择"链接按钮"实例，在"动作"面板中输入相应的脚本。

图7-23 添加"金融@家"元件

图7-24 添加"链接按钮"实例

Step 5　新建"文本和图标"图层。单击文本工具，在舞台的右上角输入"关闭"动态文本，并设置文本的属性，将"关闭图标"元件拖动至舞台，设置其"宽"和"高"均为9.6，放在动态文本的右侧，如图7-25所示。

Step 6　新建"关闭按钮"图层。将"关闭按钮"元件拖动至舞台，调整实例的大小和位置，放在舞台的右上角，如图7-26所示。选择"关闭按钮"实例，为其添加相应的动作脚本。

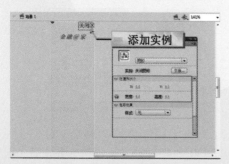
图7-25 添加"关闭图标"实例

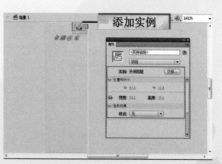
图7-26 添加"关闭按钮"实例

151

Step 7　在"金融@家"图层下新建"手机1"图层，将"手机1"元件拖动至舞台，放在"金融@家"实例的下方，如图7-27所示。

Step 8　在"手机1"图层的第2、4、5、40和44帧插入关键帧，在各关键帧间创建传统补间动画。修改第1帧对应实例的X值为-33.4，将实例水平向左移动，如图7-28所示。

图7-27 添加"手机1"实例

图7-28 创建传统补间动画

Step 9　选择"手机1"图层第2帧对应的实例，修改X值为-7.7，并添加"高级"颜色样式，如图7-29所示。

Step 10　选择"手机1"图层第5帧对应的实例，修改X值为-6.7，并添加"高级"颜色样式，如图7-30所示。

图7-29 为实例添加"高级"颜色样式

图7-30 为实例添加"高级"颜色样式

Step 11　选择"手机1"图层第44帧对应的实例，设置"颜色样式"为Alpha、"Alpha数量"为0%，并在第45、142帧插入关键帧，删除45帧所对应的实例，如图7-31所示。

Step 12　在"手机1"图层下创建"手机银行"图层，在第12帧插入空白关键帧。将"手机银行"元件拖动至舞台，调整其大小和位置，放在"手机1"实例的右侧，如图7-32所示。

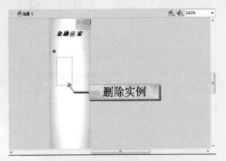

图7-31 为实例添加高级颜色样式

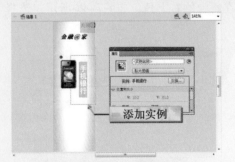

图7-32 添加"手机银行"实例

Step 13　在"手机银行"图层的第14、15、40、42和43帧插入关键帧，并在各关键帧之间创建传统补间动画，删除第43帧之后的所有帧，如图7-33所示。

Step 14　选择"手机银行"图层第12帧对应的实例，设置X值为8.35（水平向左移动）、Alpha值为0%，如图7-34所示。

图7-33 创建传统补间动画

图7-34 修改实例的属性

Step 15　选择"手机银行"图层第14帧对应的实例，设置X值为21.6（水平向右移动），依次设置该图层第42帧和第43帧对应实例的Alpha值为30%和0%，如图7-35所示。

Step 16　选择"背景"图层，新建"扇形1"图层，在第15帧插入空白关键帧。将"扇形组合"元件拖动至舞台，设置"缩放宽度"值和"缩放高度"值均为35.4%、X值和Y值分别为7.8和196.75，如图7-36所示。

图7-35 修改实例的属性

图7-36 修改实例的大小和位置

Step 17　在"扇形1"图层的第17、18、19和20帧插入关键帧，在第23帧插入帧，删除第23帧之后的所有帧，并在关键帧间创建传统补间动画。依次选择"扇形1"图层第17、18和19帧对应的实例，为其添加相同的"高级"颜色样式，将扇形实例变成深红色，如图7-37所示。

Step 18　依次选择"扇形1"图层第15、17和18帧对应的实例，依次设置Y值为239.2、210.9和196.75，制作出实例垂直向上运动的动画，如图7-38所示。

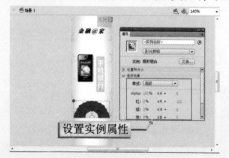

图7-37 将实例变为深红色

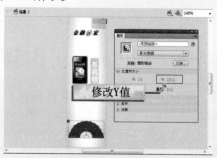

图7-38 修改实例的Y值

Step 19 新建"白色矩形条"图层,在第15帧插入空白关键帧,将"白色矩形条"元件拖动至舞台,设置"缩放宽度"值和"缩放高度"值均为35.4%、X值和Y值分别为50.1和194.35,如图7-39所示。在第17、18、20和23帧插入关键帧,删除第23帧之后的所有帧,并在关键帧之间创建传统补间动画。

Step 20 依次选择"白色矩形条"图层第15和17帧对应的实例,依次设置Y值为236.85和208.55,制作出实例垂直向上运动的动画,如图7-40所示。

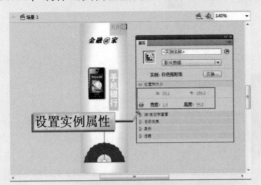

图7-39 修改实例的大小和位置

图7-40 修改实例的Y值

Step 21 选择"白色矩形条"图层第23帧对应的实例,设置"缩放宽度",制作出白色矩形条从扇形中间向左右两边展开的动画,如图7-41所示。右击"白色矩形条"图层,在弹出的快捷菜单中单击"遮罩层"命令,创建遮罩动画。

Step 22 新建"扇形2"图层,在第24帧插入空白关键帧,将"扇形组合"元件拖动至舞台,设置"缩放宽度"值和"缩放高度"值均为35.4%、X值和Y值分别为7.8和196.75,如图7-42所示。在第40和44帧插入关键帧,删除第44帧之后的所有帧,并在各关键帧之间创建传统补间动画。选择第44帧对应的实例,设置Alpha值为0%。

图7-41 将实例变宽

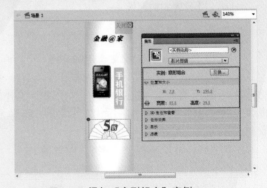

图7-42 添加"扇形组合"实例

7.2.5 实战步骤3——合成画面2动画

合成画面2动画的具体操作步骤如下:

Step 1 新建"文本1"图层,在第45帧插入空白关键帧,将"文本1"元件拖动至舞台,并调整其大小和位置,如图7-43示。

Step 2 在"文本1"图层的第46~50帧、第74和77帧插入关键帧,并在各关键帧之间创建传统补间动画,如图7-44所示,删除第77帧之后的所有帧。

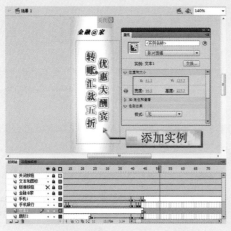

图7-43 添加"文本1"实例

图7-44 创建传统补间动画

Step 3 选择"文本1"图层第45帧对应的实例，修改X值为−0.85（实例向左移动），并为其添加"高级"颜色样式，将实例变成白色，如图7-45所示。

Step 4 参照上一步的操作，依次设置"文本1"图层上第46~49帧各关键帧对应实例的X值和颜色样式，制作出文本实例从左向右、从白色渐变为原色的动画，如图7-46所示。

图7-45 修改实例的属性

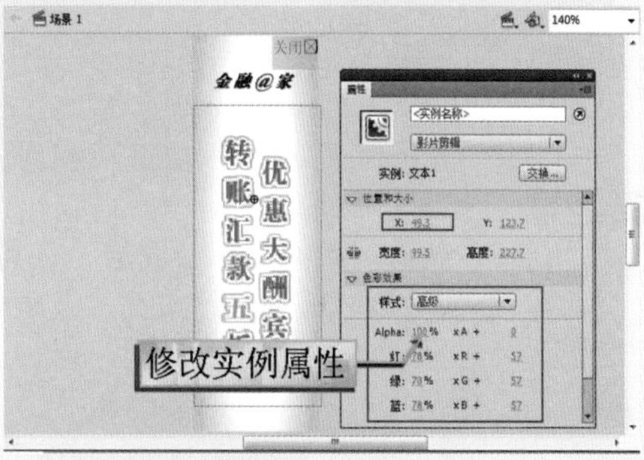

图7-46 修改实例的属性

Step 5 选择"文本1"图层第77帧对应的实例，为其添加"高级"颜色样式，将实例变成白色，如图7-47所示。

Step 6 参照"文本1"图层上各关键帧的创建，新建"文本2"图层，并创建相应的文本动画，如图7-48所示。

图7-47 为实例添加"高级"颜色样式

图7-48 创建"文本2"图层中的动画

7.2.6 实战步骤4——合成画面3动画

合成画面3动画的具体操作步骤如下：

Step 1　新建"文本4"图层，在第77帧插入空白关键帧，将"文本4"元件拖动至舞台，并调整其大小和位置，放在舞台的下方，如图7-49所示。在"文本4"图层的第79和80帧插入关键帧，并在各关键帧之间创建传统补间动画。

Step 2　选择"文本4"图层第77帧对应的实例，修改Y值为38.3，并添加Alpha值为0%的颜色样式，如图7-50所示。

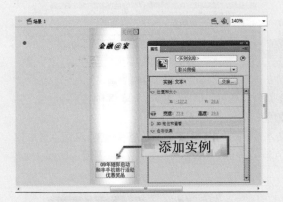

图7-49 添加"文本4"实例　　　　　　　图7-50 修改实例的属性

Step 3　选择"文本4"图层第79帧对应的实例，修改Y值为38.3，并添加Alpha值为67%的颜色样式，如图7-51所示。

Step 4　新建"数码相机"图层，在第80帧插入关键帧，将"数码相机"元件拖动至舞台，设置"缩放宽度"值和"缩放高度"值均为55.3%，X值和Y值分别为34.3和50.45，如图7-52所示。

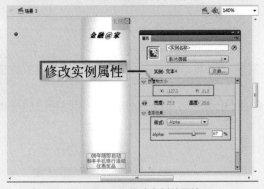

图7-51 修改实例的属性　　　　　　　图7-52 添加"数码相机"实例

Step 5　在"数码相机"图层的第82和83帧插入关键帧，并在各关键帧之间创建传统补间动画。选择第80帧对应的实例，修改X值和Y值分别为12.2和57.1，并添加"高级"颜色样式，如图7-53所示。选择第82帧对应的实例，修改X值和Y值分别为26.95和52.7，并添加"高级"颜色样式。

Step 6　在"数码相机"图层下方创建"图标文本1"图层，在第83帧插入关键帧，将"图标文本1"元件拖动至舞台，设置"缩放宽度"值和"缩放高度"值均为55.3%，放在数码相机的右下角，如图7-54所示。

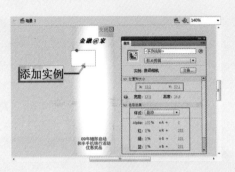
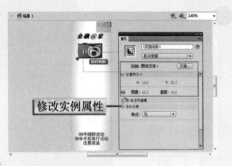

图7-53 修改实例的属性　　　　　　　　图7-54 添加"图标文本1"实例

Step 7　参照"数码相机"图层中各关键帧的创建,在"图标文本1"图层的第84、85帧插入关键帧,并创建传统补间动画,制作出图标文本跟随数码相机运动的动画,如图7-55所示。

Step 8　参照"数码相机"和"图标文本1"图层中动画的制作,创建"手机2"和"图标文本2"图层,并制作出"手机2"和"图标文本2"实例随即出现的动画,如图7-56所示。

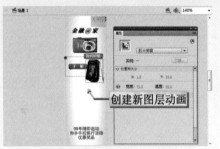

图7-55 创建传统补间动画　　　　　　　图7-56 创建手机和文本动画

Step 9　参照"数码相机"和"图标文本1"图层中动画的制作,创建"笔记本电脑"和"图标文本3"图层,并制作出"笔记本电脑"和"图标文本3"实例随即出现的动画,如图7-57所示。

Step 10　新建"文本5"图层,在第109帧插入关键帧。将"文本5"元件拖动至舞台,设置"缩放宽度"值和"缩放高度"值均为63.9%,放在"文本4"实例的正上方,如图7-58所示。

图7-57 创建笔记本电脑和文本动画　　　　图7-58 添加"文本5"实例

Step 11　选择"文本5"实例,在"属性"面板的"滤镜"区中为其添加"颜色"为"白色"的"投影"滤镜,如图7-59所示。同理,再为其添加"颜色"为"暗红色"（#9E0E0E）的"投影"滤镜。

灵犀一指

对"文本5"实例添加"颜色"不同的两种"投影"滤镜，制作出非常有特色的文字效果。举一反三，读者可以灵活运用滤镜功能，制作出丰富的特效文字。

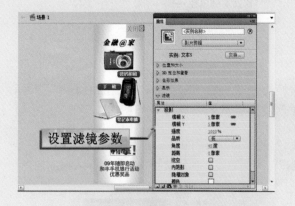

设置滤镜参数

图7-59 添加"白色"的"投影"滤镜

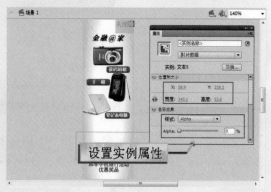

设置实例属性

图7-60 设置实例的属性

Step 12 在"文本5"图层的第112、113和114帧插入关键帧，并在各关键帧之间创建传统补间动画。选择第109帧对应的实例，设置"缩放宽度"值和"缩放高度"值均为182.5%、Alpha值为0%，如图7-60所示。依次选择第112、113帧对应的实例，依次设置"缩放宽度"和"缩放高度"值均为54.7%和59.3%。

Step 13 参照"文本5"图层中各关键帧的创建，创建"文本6"图层，并制作出"文本6"实例由大变小再变大的动画，并删除该图层第134帧之后的所有帧，如图7-61所示。

Step 14 依次在"文本4"、"图标文本1"、"数码相机"、"图标文本2"、"手机2"、"图标文本3"、"笔记本电脑"和"文本5"图层的第135、138和139帧插入关键帧，并在各关键帧之间创建传统补间动画，删除第144帧之后的所有帧，如图7-62所示。

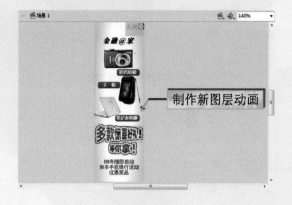

制作新图层动画

图7-61 创建"文本6"图层中的动画

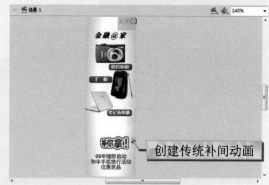

创建传统补间动画

图7-62 创建传统补间动画

Step 15 同时选择"文本4"、"图标文本1"、"数码相机"、"图标文本2"、"手机2"、"图标文本3"、"笔记本电脑"和"文本5"图层第138和139帧对应的实例，依次设置Alpha值为25%和0%，制作实例逐渐消失的动画，如图7-63所示。

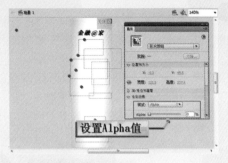

图7-63 修改实例的Alpha值

7.2.7 实战步骤5——合成画面4动画

合成画面4动画的具体操作步骤如下：

Step 1 选择"手机1"图层的142帧对应的实例，修改X和Y值分别为26.4和31.8，如图7-64所示。在该图层的第144和145帧插入关键帧，并在第142~144帧之间创建传统补间动画。

Step 2 选择"手机1"图层的142帧对应的实例，修改X值为19.45，并添加"高级"颜色样式，将实例变为白色，如图7-65所示。

图7-64 创建传统补间动画   图7-65 修改实例的属性

Step 3 选择"手机1"图层的144帧对应的实例，修改X值为24.1，并添加"高级"颜色样式，将实例变为浅白色，如图7-66所示。

Step 4 在"文本6"图层的上方新建"文本3"图层，在第145帧插入关键帧。将"文本3"元件拖动至舞台，调整实例的大小和位置，放在手机图像的下方，如图7-67所示。

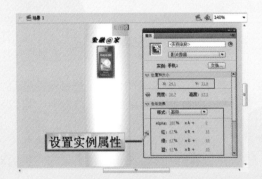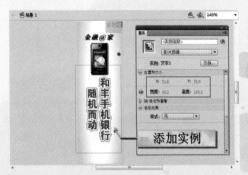

图7-66 设置实例的属性   图7-67 添加"文本3"实例

Step 5 在"文本3"图层的第147和148帧插入关键帧，并在各关键帧之间创建传统补间动画，删除第166帧之后的所有帧。选择第145帧对应的实例，修改X值为84.2，并添加"高级"颜色样式，将实例变为白色，如图7-68所示。

Step 6 选择"文本3"图层的147帧对应的实例，修改X值为89.25，并添加"高级"颜色样式，将实例变为浅白色，如图7-69所示。参照"文本3"图层中关键帧的创建，创建"快来参数"图层，制作出"快来参数"实例由下向上、由白色变为原色的动画。

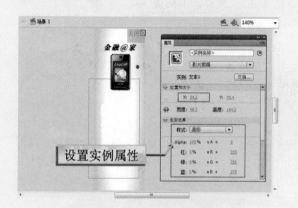

图7-68 设置实例的属性

图7-69 设置实例的属性

Step 7 参照"文本3"图层中关键帧的创建，创建"文本7"图层，制作出"文本7"实例由右向左、由白色变为原色的动画，如图7-70所示。

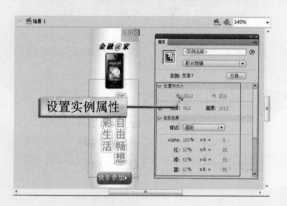

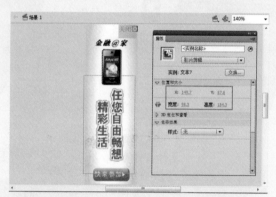

图7-70 制作"文本7"图层中的动画

至此，完成该动画的制作，保存并测试该动画效果。

7.2.8 案例小结

在制作对联类广告时，用户要注意到的因素主要包括广告要表达的含义、醒目程度并且要与主页的风格保持平衡。通过这3个方面的了解，使用户在制作银行网站的对联广告时，可以针对这3点制作效果，以便更好地展现手机银行的各个功能。

通过本案例的制作过程，读者不仅了解了常见对联广告的制作过程，还对网络广告的设计有了更加深入的学习。这样在以后的实际应用中，便可充分利用所学的知识创作出更加完美的动画作品。

7.3 精彩项目2——购物网站对联广告

本案例设计的是某网站的垂直Banner广告，宣传的对象是日常商品。通过两组商品的展示，将商品的"物有所值"卖点展示出来。"便宜货"3个字的动态特效，使Banner广告更具视觉冲击力。

 7.3.1 效果展示——动态效果赏析

本实例制作的是购物网站对联广告，动态效果如图7-71所示。

图7-71 购物网站对联广告赏析

7.3.2 设计导航——流程剖析与项目规格

在学习了上述对联广告后，接下来再学习另外一个对联广告的制作。本节还是先介绍设计尺寸与要求，再介绍制作流程，使读者可着眼于大局，从整体构思出发。

1.项目规格——110像素×260像素（宽×高）

根据客户的需求，此广告的尺寸设计为110像素×260像素，规格展开图如图7-72所示。

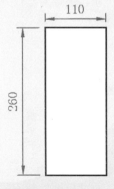

图7-72 规格展开图

2.流程剖析

本案例的制作流程剖析如下。

Step 1 导入外部库，并制作其他元件 技术关键点："导入"命令、文本工具、元件	Step 2 制作标签与按钮 技术关键点：时间轴、"库"面板工具、滤镜、运动补间	Step 3 制作LED和功能特点动画 技术关键点：文本工具、脚本、遮罩动画	Step 4 制作竹子动画并测试动画 技术关键点：遮罩动画、保存、测试影片动画、保存、测试动画

7.3.3 实战步骤1——动画前期准备

动画前期准备的具体操作步骤如下：

Step 1 新建一个Flash文档，在"属性"面板中设置"大小"为110×260像素、"背景颜色"为"白色"，如图7-73所示。

Step 2 单击时间轴底部的"新建图层"按钮，由下至上依次新建"矩形块"、"形状"、"按钮1"、"按钮2"、"文本1"、"物品1"、"物品2"、"文本2"、"文本3"、"价格标签"和"动作"共11个图层，如图7-74所示。

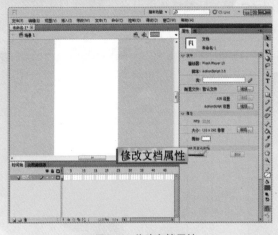

图7-73 修改文档属性

图7-74 创建图层

Step 3 单击"文件"→"导入"→"打开外部库"命令，打开"作为库打开"对话框，选择"元件素材"文件，单击"打开"按钮，打开"库-元件素材"外部库，如图7-75所示。

Step 4 选择外部库中的所有元件，直接将其拖动至当前文档所对应的"库"面板中，如图7-76所示。

图7-75 打开的外部库

图7-76 元件素材

7.3.4 实战步骤2——制作标签和按钮元件

制作标签和按钮元件的具体操作步骤如下：

Step 1 　按〈Ctrl + F8〉组合键，新建一个名为"标签_动"的影片剪辑元件。将"库"面板中的"标签"元件拖动至舞台，设置X值和Y值均为0，如7-77所示。

Step 2 　在"图层1"的第10和20帧插入关键帧，并在各关键帧之间创建传统补间动画。在"变形"面板中，设置第10帧对应实例的"缩放宽度"和"缩放高度"均为120%，效果如图7-78所示。

图7-77 添加"标签"实例

图7-78 创建补间动画

Step 3 　新建"按钮1"按钮元件，将"库"面板中的"图标_up"元件拖动至舞台，设置X值和Y值均为0，如图7-79所示。

Step 4 　分别在"图层1"的"指针经过"和"点击"帧插入空白关键帧，将"库"面板中的"图标_over"和"图标_up"元件放在相应的关键帧中，如图7-80所示。

图7-79 添加"图标_up"实例

图7-80 添加其他元件

Step 5 新建"按钮2"按钮元件，将"库"面板中的"图标 1"元件拖动至舞台，设置X值和Y值均为0，如图7-81所示。

图7-81 添加"图标 1"实例

Step 6 新建"图层2"。单击文本工具，在舞台上创建"买东西"文本。在"属性"面板中设置字体的"系列"、"大小"和"文本（填充）颜色"分别为"黑体"、12和"白色"，并为字体添加"仿粗体"样式，如图7-82所示。

Step 7 选择"图层2"中的"按下"帧，按〈F6〉键插入关键帧，并修改该帧文本的颜色为"黑色"，效果如图7-83所示。

图7-82 创建文本　　　　　　　　　　　图7-83 修改文本颜色

 ### 7.3.5 实战步骤3——制作各文本元件

制作各文本元件的具体操作步骤如下：

Step 1 按〈Ctrl + F8〉组合键，新建一个名为"9元起"的图形元件。单击文本工具，在"属性"面板中设置字体的"系列"、"大小"和"文本（填充）颜色"分别为"华文彩云"、10和"深红色"（#DE3418）。在舞台上输入"9元起"，选择其中的"9"，设置"系列"和"大小"分别为Arial和20，并添加"仿粗体"样式，如图7-84所示。

Step 2 新建"时尚拎包"图形元件。单击文本工具，在舞台上创建"时尚拎包"文本，在"属性"面板中设置相应的参数，如图7-85所示。

图7-84 创建静态文本

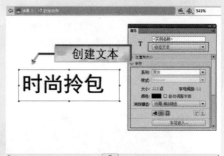

图7-85 创建动态文本

Step 3 参照"时尚拎包"图形元件的创建，依次创建"MP3-MP4"、"温暖美靴"和"娱乐手机"3个图形元件，各元件对应的文本与其名称相同。创建"文本元件"文件夹，将各文本元件放置在该文件夹中，如图7-86所示。

Step 4 按〈Ctrl+F8〉组合键，新建一个名为"便宜货"的影片剪辑元件。单击文本工具，在"属性"面板中设置字体的"系列"、"大小"和"文本（填充）颜色"分别为"文鼎彩云繁"、52和"白色"，在舞台中输入"便宜货"，如图7-87所示。

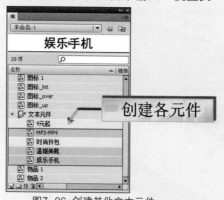

创建各元件

图7-86 创建其他文本元件

图7-87 创建文本

Step 5 保持文本为选中状态，连续按两次〈Ctrl+B〉组合键，将其分离为图形，如图7-88所示。

Step 6 单击颜料桶工具，设置"填充颜色"为"桔红色"（#FF6600），将颜料桶放置在"便"字上并单击，填充颜色，如图7-89所示。

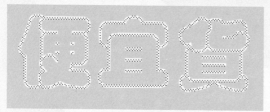

图7-88 分离文本

图7-89 填充颜色

Step 7 参照上一步的操作，依次设置"填充颜色"为"天蓝色"（#33CCFF）和"桔黄色"（#FFCC59），分别为"宜"和"货"字图形填充，如图7-90所示。

Step 8 选择"便"文本图形，按〈F8〉键，将其转换为"便"影片剪辑元件。参照此操作，依次将"宜"和"货"文本图形转换为相应的影片剪辑元件，如图7-91所示。

图7-90 填充颜色

图7-91 转换为元件

Step 9 由上往下依次创建"便"、"宜"和"货"图层，将实例放在相应的图层中，并调整各实例的位置关系："便"图层中实例的X值和Y值分别为-226.3和-120.8；"宜"图层中实例的X值和Y值分别为-174.2和-158.8；"货"图层中实例的X值和Y值分别为-120.1和-119.8，如图7-92所示。

Step 10 在"便"图层中的第17、19、20和21帧插入关键帧，并在第1~17帧、第17~19帧之间创建传统补间动画。选择所有图层的第100帧，按〈F5〉键插入帧，如图7-93所示。

图7-92 调整实例位置　　　　　　　　　　图7-93 插入关键帧

Step 11　选择"便"图层中第1帧对应的实例，设置X值和Y值分别为-226.3和-240.8。选择第17帧对应的实例，设置Y值为-125.8。选择第1～17帧之间的任意一帧，在"属性"面板中设置各参数，如图7-94所示。

Step 12　选择"便"图层中第19帧对应的实例，设置Y值为-133.8。选择第17～19帧之间的任意一帧，在"属性"面板中设置动画的属性参数与第1～17帧的完全一致，如图7-95所示。

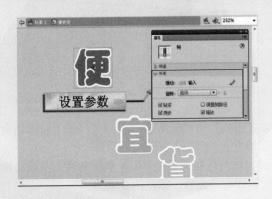

图7-94 设置参数　　　　　　　　　　　图7-95 设置参数

Step 13　选择"宜"图层的第1帧，将其拖动至第9帧，即第9帧之前的帧为空白帧。在第24帧插入关键帧，并在第9～24帧之间创建传统补间动画，如图7-96所示。

Step 14　选择"货"图层的第1帧，将其拖动至第13帧，即第13帧之前的帧为空白帧。在第29帧插入关键帧，并在第13～29帧之间创建传统补间动画，如图7-97所示。

Step 15　选择"宜"图层中第9帧对应的实例，在"属性"面板中设置X值为-372.7。选择第9～24帧之间的任意一帧，在"属性"面板中设置动画属性，如图7-98所示。

Step 16　选择"货"图层中第13帧对应的实例，在"属性"面板中设置"颜色样式"为Alpha、"Alpha数量"为0%。选择"货"图层中第13～29帧之间的任意一帧，在"属性"面板中设置动画属性，如图7-99所示。

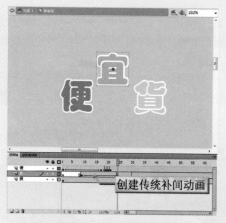

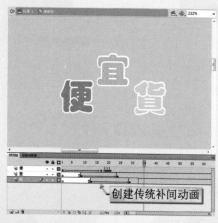

图7-96 创建传统补间动画　　　　　　　　　　图7-97 创建传统补间动画

图7-98 设置"补间"参数

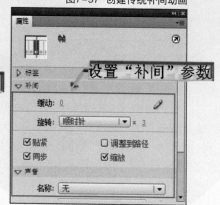

图7-99 设置"补间"参数

7.3.6 实战步骤4——合成形状和按钮动画

合成形状和按钮动画的具体操作步骤如下：

Step 1 按〈Ctrl+E〉组合键，返回主场景编辑区。选择所有图层的第310帧，按〈F5〉键插入帧，选择"矩形块"中的第1帧，将"库"面板中的"矩形块 2"元件拖动至舞台，设置X值和Y值均为0，如图7-100所示。

Step 2 选择"形状"中的第13帧，按〈F7〉键，插入空白关键帧，将"库"面板中的"矩形块1"元件拖动至舞台，设置X值和Y值均为0。单击任意变形工具，将变形中心移至注册点，如图7-101所示。

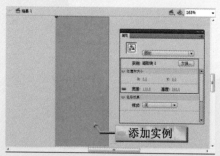

图7-100 添加"矩形块 2"实例

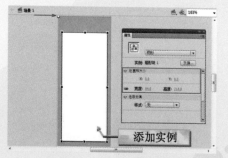

图7-101 添加"矩形块1"实例

Step 3 依次在"形状"图层的第19、20、24、25、34、35、37、38、41、42、46和47帧插入关键帧，分离除第47帧之外所有关键帧所对应的实例，并在相应的关键帧之间创建形状补间动画，如图7-102所示。

Step 4 选择"形状"图层中第13帧对应的图形，设置"宽度"和"高度"分别为0.5和21.4、"填充颜色"为"白色"（Alpha值为10%），如图7-103所示。

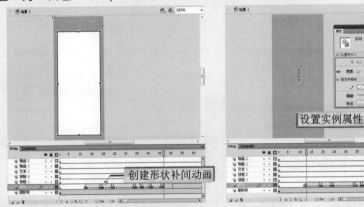

图7-102 插入关键帧并创建形状补间动画　　图7-103 设置第13帧图形的属性

Step 5 分别选择"形状"图层中第19和20帧对应的图形，设置"宽度"和"高度"分别为0.3和214、"填充颜色"为"白色"（Alpha值为60%），如图7-104所示。

Step 6 分别选择"形状"图层中第24和25帧对应的图形，设置"宽度"和"高度"分别为0.9和107、"填充颜色"为"白色"（Alpha值为60%），如图7-105所示。

图7-104 设置第19和20帧图形的属性　　图7-105 设置第24和25帧图形的属性

Step 7 分别选择"形状"图层中第34和35帧对应的图形，设置"宽度"和"高度"分别为96和214、"填充颜色"为"白色"（Alpha值为10%），效果如图7-106所示。

Step 8 分别选择"形状"图层中第37和38帧对应的图形，设置"宽度"和"高度"分别为96和209，如图7-107所示。

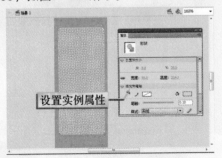

图7-106 设置第34帧和第35帧图形的属性　　图7-107 设置第37帧和第38帧图形的属性

Step 9　分别选择"形状"图层中第41和42帧对应的图形，设置"宽度"和"高度"分别为105.8和230.4，如图7-108所示。

Step 10　选择"按钮1"中的第1帧，将"库"面板中的"按钮1"元件拖动至舞台，设置"宽度"、"高度"、X和Y分别为8.9、8.9、99.8和10.3，如图7-109所示。

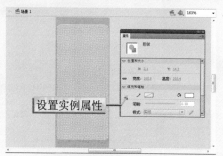
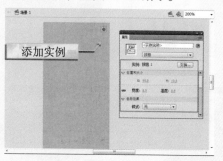

图7-108 设置第41和42帧的属性　　　　图7-109 添加"按钮1"实例

Step 11　选择"按钮2"中的第1帧，将"库"面板中的"按钮2"元件拖动至舞台，设置"宽度"、"高度"、X和Y分别为74.5、23、55.1和246.3。

7.3.7 实战步骤5——合成文本和标签动画

合成文本和标签动画的具体操作步骤如下：

Step 1　选择"文本1"中的第1帧，将"库"面板中的"便宜货"元件拖动至舞台，设置"宽度"、"高度"、X和Y分别为20、20、124.3和76.3，效果如图7-110所示。

Step 2　选择"物品1"中的第1帧，将"库"面板中的"物品 1"元件拖动至舞台，设置X值和Y值分别为54.5和125.5，效果如图7-111所示。

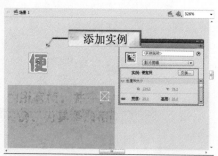

图7-110 添加"便宜货"实例　　　　图7-111 添加"物品 1"实例

Step 3　依次在"物品1"图层中的第44、46、54、55、156、160、165、166、275、284和285帧插入关键帧，并在第44~46帧、第46~54帧、第156~160帧、第160~165帧、第275~284帧之间创建传统补间动画，如图7-112所示。

Step 4　选择"物品1"图层中第166帧对应的实例，将其删除。分别选择第1和44帧对应的实例，设置"颜色样式"为Alpha、"Alpha数量"为0%，如图7-113所示。

Step 5　选择"物品1"图层中第46帧对应的实例，设置"样式"为Alpha、"Alpha数量"为18%，效果如图7-114所示。

Step 6　选择"物品1"图层中第54帧对应的实例，设置"样式"为Alpha、"Alpha数量"为91%，效果如图7-115所示。

图7-112 插入关键帧　　　　　　图7-113 设置实例属性

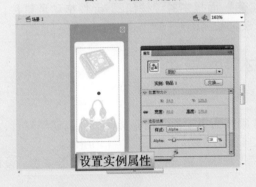

图7-114 设置第46帧实例的属性　　　　图7-115 设置第54帧实例的属性

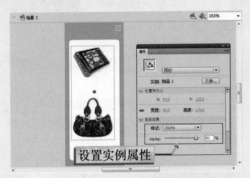

　　Step 7　　选择"物品1"图层中第160帧对应的实例，设置"样式"为"高级"，高级效果如图7-116所示。

　　Step 8　　分别选择"物品1"图层中第165和275帧对应的实例，设置"样式"为"高级"，高级效果如图7-117所示。

图7-116 设置实例的高级效果　　　　图7-117 设置实例的高级效果

　　Step 9　　选择"物品1"图层中第284帧对应的实例，设置"样式"为"高级"，高级效果如图7-118所示。

　　Step 10　　选择"物品2"中的第165帧，按〈F7〉键，插入空白关键帧，将"库"面板中的"物品2"元件拖动至舞台，设置X值和Y值分别为54.5和128，效果如图7-119所示。

图7-118 设置第284帧实例的高级效果

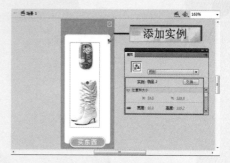

图7-119 添加"物品2"实例

Step 11　依次在"物品2"图层中的第174、175、264、269和275帧插入关键帧，在第276帧插入空白关键帧，并在第165~174帧、第264~269帧、第269~275帧之间创建传统补间动画，如图7-120所示。

Step 12　分别选择"物品2"图层中第165和275帧对应的实例，设置"样式"为"高级"，高级效果如图7-121所示。

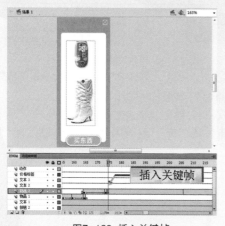

图7-120 插入关键帧

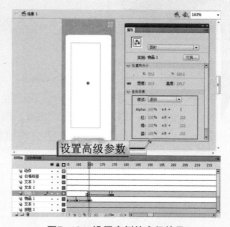

图7-121 设置实例的高级效果

Step 13　选择"物品2"图层中第174帧对应的实例，设置"样式"为"高级"，高级效果如图7-122所示。

Step 14　选择"物品2"图层中第269帧对应的实例，设置"样式"为"高级"，高级效果如图7-123所示。

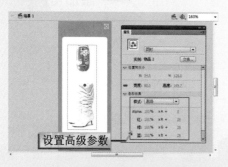

图7-122 设置第174帧实例的高级效果

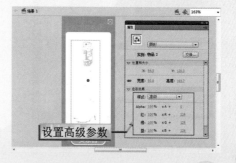

图7-123 设置第269帧实例的高级效果

Step 15　选择"文本2"中的第44帧，按〈F7〉键，插入空白关键帧，将"库"面板中的MP3-MP4和"时尚拎包"元件分别拖动至舞台，效果如图7-124所示。

Step 16 分别选择"文本2"中的第165和275帧，按〈F6〉键，插入关键帧，并将第165帧对应的实例删除，效果如图7-125所示。

图7-124 添加文本实例

图7-125 插入关键帧并删除实例

Step 17 选择"文本3"中的第165帧，按〈F7〉键，插入空白关键帧，将"库"面板中的"娱乐手机"和"温暖美靴"元件分别拖动至舞台，效果如图7-126所示。

Step 18 选择"文本3"中的第275帧，按〈F7〉键，插入空白关键帧。选择"价格标签"图层中的第44帧，按〈F7〉键，插入空白关键帧，将"库"面板中的"标签_动"和"9元起"元件分别拖动至舞台，效果如图7-127所示。

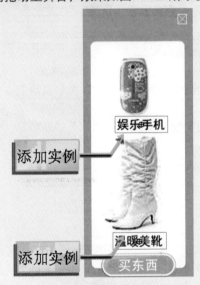

图7-126 添加文本实例

图7-127 添加"标签_动"和"9元起"实例

Step 19 使用选择工具，将"标签_动"和"9元起"实例一起选中，按〈Ctrl〉键并拖动鼠标，将其放在原实例的上方，释放鼠标，复制实例，效果如图7-128所示。

Step 20 选择"动作"图层的第310帧，按〈F7〉键，插入空白关键帧，按〈F9〉键，在弹出的"动作"面板中添加"gotoAndPlay(60);"脚本，如图7-129所示。

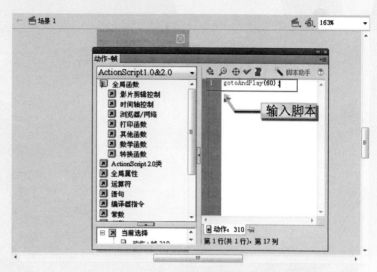

图7-128 复制实例

图7-129 添加脚本

至此，完成整个动画的制作，最后保存并测试该动画。

7.3.8 案例小结

根据垂直Banner广告与其他Banner广告在版式上的一些区别，设计师可以将陈列的商品分两个画面呈现。如何吸引消费者的眼球及购买欲望是设计师要解决的关键问题。通过分析，设计师决定用亮眼的桔红色激发消费者的购买欲望，制作跳动的"便宜货"文字来打动消费者。

本案例的Banner动画是某公司为宣传商品而设计的。通过该广告将商品物美价廉的特性展示出来，从而达到成功销售的目的。

读书笔记

第8章

画中画类广告

画中画类广告属于大尺寸网络广告，可以理解为"广告中的广告"。画中画类广告是指在文章里强制加入广告图片，比如在新闻里加入Flash广告，这些广告和文章混杂在一起，读者有时无法辨认是新闻图片还是广告。即使会辨认，也会分散注意力。该广告将配合客户需要，链接至为客户量身订作的迷你网站，大大增强广告的命中率。画中画类广告在内页中可起到相当大的吸引力，加上使用Flash的动态与声音效果，点击率比旗帜类广告（Banner）高，主要在网站的内容页面（比如新闻、文章的页面）投放。

本章以福蒂汽车画中画广告动画和欧瑞拉化妆品画中画广告动画两个精彩的项目为例，向读者详细介绍企业网站画中画类广告的创意技巧和设计方法。通过本章两个项目的制作，相信读者可以制作出优秀的画中画类广告动画。

案例欣赏

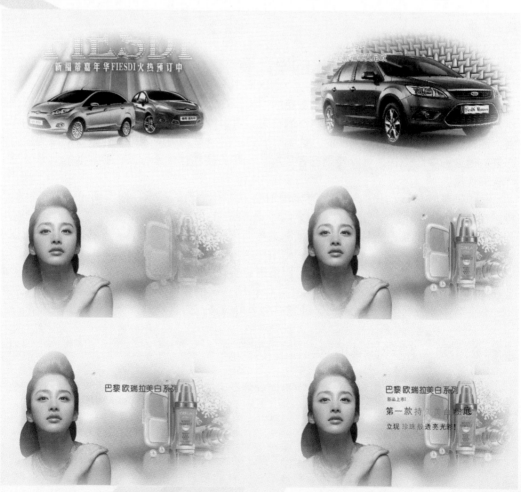

8.1 领先一步——画中画类广告专业知识

画中画广告的设计要求与前面几类广告有所区别，该类广告更加具有一定的吸引力，因此在设计时就应把各方面的需求因素考虑进去，从而做到有的放矢。下面将对画中画类广告动画的特点、设计要求向读者做一个全面的介绍。

8.1.1 画中画类广告的特点

画中画网络广告不仅在形状大小上引人注目，其表达的信息内容比过去的小广告更多。这不但可以让消费者了解更多产品及服务的内容，而且可以更清楚地传递信息。由于有了更大的表现空间，网络广告的设计效果也提升了一个层次。目前，大部分画中画网络广告都采用Flash制作，广告表现图像高清晰，并可以有声音、游戏等效果，让消费者留下更加深刻的印象。而且，浏览者在观看广告的同时，又不用离开正浏览的网站，对广告商及用户均十分有利。因此，网民也逐渐适应了这一新的广告形式，广告效果也得到了网民的认可。

画中画类广告被包含在每篇文章的内容里，浏览者在阅读文章的同时可以阅读该广告，由于日更新的文章和总文章量很多，所以此广告的阅读次数也较多，可以说是广告形式中最具宣传力度的广告。

8.1.2 画中画类广告的设计要求

因为画中画类广告的出场是一个重叠的广告，在外围广告的内部还包含有一个广告，而其焦点却是内部的广告。通过这种方式制作的广告，可以使其在网页中占用的篇幅不再是1+1=2的模式，而是在节省了广告费用的同时，达到广告目的的一举两得的效果，也是目前最为流行的网络广告。通过画中画广告，可以使浏览者了解某一商品信息时，还可以了解其他的信息，充分发挥广告的作用。

画中画类广告以动画的形式全方位地对企业进行生动的展示，以及阐述企业产品的形象定位。在设计画中画类广告动画时，有以下3点基本要求：

> 因为画中画类广告位置明显处于浏览者浏览页面的必经之地，不容易被忽略，所以可以为动画添加链接功能。

> 由于画中画的干扰度低，所以可以适当延长画中画类广告的动画效果，将要表达的内容完全展现。

> 在制作画中画类广告动画时，通常有很多的技法，如遮罩法、变异法和模糊法等。

8.1.3 精彩画中画类广告欣赏

画中画类广告在网络上随处可见，下面介绍化妆产品、汽车产品和招聘网站类型3个精彩的画中画广告。

1.化妆产品画中画广告

图8-1所示的是雅芳化妆产品画中画广告，动画一开始以绚丽的条形色图标和动感的文字出场，接着将招募电话展示出来，最后将佳节送大礼的节日气氛传达出来，非常吸引浏览者的

眼球。

图8-1 化妆产品画中画广告

2.汽车产品画中画广告

图8-2所示的是汽车产品画中画广告，火爆的开始动画，将现在购车是"绝好时机"告诉消费者，然后将购买威驰车的特大优惠和威驰车的高品质依次展示出来，最后将企业的标识展示出来，很好地宣传了新车和企业。

图8-2 汽车产品画中画广告

3.招聘网站类型画中画广告

图8-3所示的是招聘网站类型画中画广告，动画的整体颜色鲜明，动画非常形象地将招聘方卡通化，并将招聘方的3大优点以对话的形式一一展示，非常吸引求职者的目光。

图8-3 招聘网站类型画中画广告

8.2 精彩项目1——福蒂汽车画中画广告动画

本实例制作的是福蒂汽车画中画广告动画，将4款不同系列的汽车产品以动画的形式进行交互展示。画面中抢眼的色彩及动感十足的汽车出场，从视觉上第一时间抓住浏览者的眼球，吸引浏览者观看后面另3款新车。快节奏的广告语及动感的汽车出场方式，全面地展示出新车的功能、特性和优势。

8.2.1 效果展示——动态效果赏析

本实例制作的是福蒂汽车画中画广告，动态效果如图8-4所示。

图8-4 福蒂汽车画中画广告赏析

 8.2.2 设计导航——流程剖析与项目规格

本节将主要对画中画广告的设计尺寸与设计流程进行介绍，帮助读者做好设计初期的主要工作，以保证后期的制作过程能够顺利进行。

1.项目规格——550像素×330像素（宽×高）

画中画类广告的页面承载内容量大、互动性强，画面的宽和高比例相差不大。根据客户的需求，此广告的尺寸设计为550像素×330像素，规格展开图如图8-5所示。

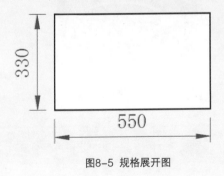

图8-5 规格展开图

2.流程剖析

本案例的制作流程剖析如下。

Step 1 制作场景1画面
技术关键点："导入"命令、转换为元件、滤镜

Step 2 制作场景2画面
技术关键点：颜色样式、Alpha、传统补间动画

Step 3 制作场景3画面
技术关键点："色调"颜色样式、传统补间动画

Step 4 制作场景4画面
技术关键点：颜色样式、传统补间动画

 8.2.3 实战步骤1——制作画面1动画

制作并合成画面1动画的具体操作步骤如下：

Step 1 新建"汽车_红"图层，在该图层的第5帧插入空白关键帧，并删除第60帧后的所有帧。将"汽车_红"元件拖动至舞台，设置X值和Y值分别为294和159，效果如图8-6所示。

Step 2 保持"汽车_红"实例为选中状态，在"属性"面板的"滤镜"栏中，为其添加"模糊X"值和"模糊Y"值分别为35和5的"模糊"滤镜，效果如图8-7所示。

图8-6 添加"汽车_红"实例　　　　　图8-7 添加"模糊"滤镜

Step 3 在"汽车_红"图层的第6帧插入关键帧，在"属性"面板的"滤镜"栏中，修改实例的"模糊X"值和"模糊Y"值分别为28和4，效果如图8-8所示。

Step 4 在"汽车_红"图层的第7帧插入关键帧，在"属性"面板的"滤镜"栏中，修改实例的"模糊X"值和"模糊Y"值分别为21和3，效果如图8-9所示。

图8-8 修改"模糊"滤镜值

图8-9 修改"模糊"滤镜值

Step 5 在"汽车_红"图层的第8帧插入关键帧,在"属性"面板的"滤镜"栏中,修改实例的"模糊X"值和"模糊Y"值分别为14和2,效果如图8-10所示。

Step 6 在"汽车_红"图层的第9帧插入关键帧,在"属性"面板的"滤镜"栏中,修改实例的"模糊X"值和"模糊Y"值分别为7和1,效果如图8-11所示。

图8-10 修改"模糊"滤镜值

图8-11 修改"模糊"滤镜值

Step 7 在"汽车_红"图层的第10帧插入关键帧,在"属性"面板的"滤镜"栏中,修改实例的"模糊X"值和"模糊Y"值均为0,并在前面各关键帧之间创建传统补间动画,如图8-12所示。

Step 8 参照"汽车_红"图层中汽车模糊动画的创建,创建"汽车_香槟金"图层,并制作相同的汽车模糊动画,如图8-13所示。

图8-12 创建传统补间动画

图8-13 创建"汽车_香槟金"模糊动画

Step 9 新建"文本1"图层,在该图层的第17帧插入空白关键帧,并删除第60帧后的所有帧，将库中"文本"文件夹中的"文本1"元件拖动至舞台的合适位置，如图8-14所示。

Step 10　在"文本1"图层的第21、22和32帧插入关键帧，并在各关键帧之间创建传统补间动画。选择第17帧对应的实例，设置Y值为-41、Alpha值为14%，效果如图8-15所示。

图8-14 添加"文本1"实例

图8-15 修改实例的属性

Step 11　依次设置"文本1"图层中第21和22帧对应实例的Alpha值为80%和90%，效果如图8-16所示。

Step 12　新建"文本2"图层，在该图层的第12帧插入空白关键帧，并删除第60帧后的所有帧，将"文本2"元件拖动至舞台，设置X值和Y值分别为56.5和20，效果如图8-17所示。

图8-16 修改实例的属性

图8-17 添加"文本2"实例

Step 13　保持"文本2"实例为选中状态，设置Alpha值为50%，在"属性"面板的"滤镜"栏中，为其添加"模糊X"值和"模糊Y"值分别为51和6的"模糊"滤镜，效果如图8-18所示。

Step 14　在"文本2"图层的第13帧插入关键帧，修改Alpha值为60%。在"属性"面板的"滤镜"栏中，修改实例的"模糊X"值和"模糊Y"值分别为43.3和5.8，效果如图8-19所示。

图8-18 添加"模糊"滤镜

图8-19 修改"模糊"滤镜值

Step 15　参照此操作，在"文本2"图层的第14~18帧插入关键帧，依次设置各关键帧对应实例的Alpha值和模糊值，制作出文本越来越清晰的文本动画，并在各关键帧之间创建传统补间动画，如图8-20所示。

Step 16　同时选择"画面1背景"、"汽车_红"、"汽车_香槟金"、"文本1"和"文本2"图层的第55和60帧，然后插入关键帧，并在第55~60帧之间创建传统补间动画，如图8-21所示。再同时选择这几个图层第60帧对应的实例，设置Alpha值为50。

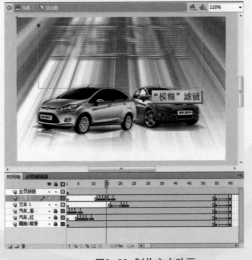

图8-20　制作文本动画

图8-21　创建传统补间动画

8.2.4　实战步骤2——制作画面2动画

制作并合成画面2动画的具体操作步骤如下：

Step 1　在"总动画"元件编辑区中新建"画面2背景"图层，在该图层的第57帧插入空白关键帧，将"画面2背景"元件拖动至舞台，放置在舞台的正中心，如图8-22所示。

Step 2　在"画面2背景"图层的第60和61帧插入关键帧，并在第57~60帧之间创建传统补间动画，并依次设置第57和60帧对应实例的Alpha值为30%和90%，如图8-23所示。

图8-22　添加"画面2背景"实例

图8-23　创建传统补间动画

Step 3　新建"文本3"图层，在该图层的第66帧插入空白关键帧，将"文本3"元件拖动至舞台，设置X值和Y值分别为23和26.05，效果如图8-24所示。

Step 4　在"文本3"图层的第70~72帧插入关键帧，并在第66~70帧之间创建传统补间动画。选择第66帧对应的实例，设置X值为43、Alpha值为0，如图8-25所示。

图8-24 添加"文本3"实例

图8-25 设置实例属性

Step 5 依次设置"文本3"图层中第70和71帧对应实例的X值为19和21,并在"文本3"和"画面2背景"图层的第121帧插入空白关键帧,如图8-26所示。

Step 6 参照"文本3"图层中文本动画的创建,创建"文本4"图层,并将"库"面板中"文本"文件夹中的"文本4"元件拖动至舞台,制作出文本由倾斜变正常、由透明变清晰的动画,如图8-27所示。

图8-26 修改实例的X值

图8-27 创建"文本4"动画

8.2.5 实战步骤3——制作画面3动画

制作并合成画面3动画的具体操作步骤如下:

Step 1 在"总动画"元件编辑区中新建"画面3背景"图层,在该图层的第115帧插入空白关键帧。将"画面3背景"元件拖动至舞台,放在舞台的正中心,如图8-28所示。

图8-28 添加"画面3背景"实例

图8-29 添加"模糊"滤镜

Step 2　保持"画面3背景"实例为选中状态，在"属性"面板的"滤镜"栏中，为其添加"模糊X"值和"模糊Y"值分别为6和14的"模糊"滤镜，效果如图8-29所示。

Step 3　在"画面3背景"图层的第116~120帧插入关键帧，并在各关键帧之间创建传统补间动画。依次设置各关键帧对应实例的模糊值，制作出越来越清晰的背景动画，如图8-30所示。

Step 4　在"画面3背景"图层的第186帧插入空白帧，新建"文本5"图层，并在该图层的第123帧插入空白关键帧。将"文本5"元件拖动至舞台，设置X值和Y值均为0，如图8-31所示。

图8-30 制作背景动画

图8-31 添加"文本5"实例

Step 5　新建"文本6"图层，并在该图层的第130帧插入空白关键帧。将"文本6"元件拖动至舞台，设置X值和Y值分别为160.75和85，如图8-32所示。

图8-32 添加"文本6"实例

图8-33 设置实例属性

Step 6　依次在"文本6"图层的第133~135帧插入关键帧，并在各关键帧之间创建传统补间动画。选择第130帧对应的实例，设置Alpha值为5%、Y值为48.05，如图8-33所示。

Step 7　依次设置"文本6"图层中第133和134帧对应实例的Alpha值为70%和85%，Y值为62.05和60.05，如图8-34所示。

Step 8　参照"文本6"图层中文本由上向下逐渐清晰的动画，创建"文本7"图层并制作相应的文本动画，如图8-35所示。

图8-34 设置实例属性

图8-35 创建"文本7"动画

Step 9　参照"文本6"图层中的文本动画，创建"文本8"图层并制作相应的文本动画，如图8-36所示。

Step 10　参照"文本6"图层中的文本动画，创建"文本9"图层并制作相应的文本动画，如图8-37所示。

图8-36 创建"文本8"动画

图8-37 创建"文本9"动画

Step 11　同时在"画面3背景"、"文本5"～"文本9"图层的第181和185帧插入关键帧，在第186帧插入空白关键帧，并在第181～185帧之间创建传统补间动画，如图8-38所示。

Step 12　同时选择这几个图层第185帧对应的实例，在"属性"面板中，设置其"颜色样式"为"色调"、"着色"为"白色"，效果如图8-39所示。

图8-38 创建传统补间动画

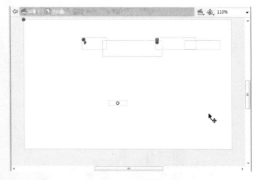
图8-39 设置实例的颜色样式

8.2.6　实战步骤4——制作画面4动画

制作并合成画面4动画的具体操作步骤如下：

Step 1　在"总动画"元件编辑区中新建"画面4背景"图层，在该图层的第181帧插入空白关键帧。将"画面4背景"元件拖动至舞台，放在舞台的正中心，如图8-40所示。

Step 2 在"画面4背景"图层的第184和185帧插入关键帧，在第241帧插入空白关键帧，并在第181~184帧之间创建传统补间动画。选择第181帧对应的实例，设置"颜色样式"为"色调"、"着色"为"白色"，效果如图8-41所示。

图8-40 添加"画面4背景"实例　　　　　　　图8-41 设置实例的颜色样式

Step 3 选择"画面4背景"图层中第184帧对应的实例，设置"颜色样式"为Alpha、"Alpha数量"为80%，效果如图8-42所示。

Step 4 新建"文本10"图层，并在该图层的第191帧插入空白关键帧，将"文本10"元件拖动至舞台，设置X值和Y值均为0，如图8-43所示。

图8-42 设置实例的颜色样式　　　　　　　图8-43 添加"文本10"实例

Step 5 新建"文本11"图层，并在该图层的第187帧插入空白关键帧，将"文本11"元件拖动至舞台，设置其X和Y值分别为2.5和5.8，如图8-44所示。

Step 6 同时在"文本10"和"文本11"图层的第241帧插入空白关键帧，并删除所有图层之后的空白帧。按〈Ctrl＋E〉组合键，返回主场景编辑区，完成"总动画"影片剪辑元件的创建。至此，完成汽车广告的制作，如图8-45所示。

图8-44 添加"文本11"实例　　　　　　　图8-45 返回主场景

8.2.7 案例小结

　　汽车产品的广告是由感性消费向理性消费转变的，汽车消费大多是身份的象征，因此，该品牌广告的设计侧重于对品质、品位和地位的演绎。福蒂汽车的消费对象定位为具有一定地位的中产阶层及有一定基础、追求个性的新贵。该项目是为了宣传福蒂汽车的新功能、特性和优势，从而形象地传达广告信息及品牌内涵。

　　通过本案例的制作过程，可以使读者了解如何使用联想的表现手法制作广告，准确地描述出产品的功能，并完美地展现出该产品的特性。还可以使读者了解在设计不同品牌的产品时，如何确定用户群，以及抓住用户群心里所要求的产品功能来设计广告，最终使设计的广告能够发挥出应有的效应。

8.3 精彩项目2——欧瑞拉化妆品画中画广告动画

　　本实例制作的是欧瑞拉化妆品画中画广告，包含渐变式的淡绿色、清晰的花朵、精致的广告明星和化妆品主体、闪亮的珍珠、轻柔的文字动画。本动画极好地突出了产品的功能，将清洁、干净、自然、美白的特性完美地展现出来。

8.3.1 效果展示——动态效果赏析

　　本实例制作的是欧瑞拉化妆品画中画广告，动态效果如图8-46所示。

图8-46 欧瑞拉化妆品画中画广告赏析

8.3.2 设计导航——流程剖析与项目规格

　　上一介绍了一个汽车的画中画广告，本节将介绍一个化妆品广告的设计与制作。通过对这两个例子的学习，读者可以全面地掌握画中画类广告的制作要点。

1.项目规格——700像素×380像素（宽×高）

　　根据客户的需求，比广告的尺寸设计为700像素×380像素，规格展开图如图8-47所示。

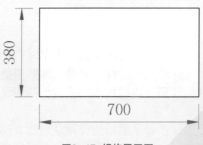

图8-47 规格展开图

2.流程剖析

本案例的制作流程剖析如下。

Step 1 导入外部库，并制作其他元件
技术关键点："导入"命令、文本工具、元件

Step 2 制作主要动态影片剪辑元件
技术关键点："变形"面板、引导动画、Alpha

Step 3 合成主动画
技术关键点："库"面板、"属性"面板

Step 4 保存并测试动画
技术关键点：保存、测试影片

8.3.3 实战步骤1——制作清晰花朵动画

制作清晰花朵动画的具体操作步骤如下：

Step 1 按〈Ctrl＋F8〉组合键，新建一个名为"花朵_动1"的影片剪辑元件，将"花朵"元件拖动至舞台，放在舞台的正中心（暂时将"背景颜色"更改为"蓝色"），如图8-48所示。

Step 2 在该图层的第5帧插入关键帧，并在第1~5帧之间创建传统补间动画。选择第5帧对应的实例，在"变形"面板中设置"旋转"值为4，如图8-49所示。

Step 3 参照此操作，依次在"图层1"上插入关键帧，并在各关键帧之间创建传统补间动画。通过设置各关键帧对应实例的"旋转"值和Alpha值，制作出花朵从左向右飘落并渐隐的动画，如图8-50所示。

Step 4 参照"花朵_动1"影片剪辑元件的创建，创建"花朵_动2"影片剪辑元件，动画效果为花朵从左向右直线运动并渐隐，如图8-51所示。

图8-48 添加"花朵"实例

图8-49 旋转实例

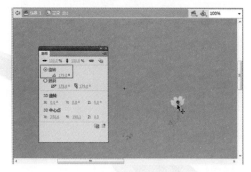

图8-50 制作花朵动画

图8-51 制作花朵动画

Step 5 参照"花朵_动1"影片剪辑元件的创建，创建"花朵_动3"影片剪辑元件。绘制一条向右上角延伸的曲线作为引导路径，制作出花朵从左向右沿曲线运动并渐隐，效果如图8-52所示。

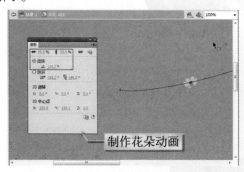

图8-52 制作花朵动画

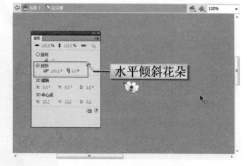

图8-53 水平倾斜花朵

Step 6 按〈Ctrl＋F8〉组合键，新建"花朵群"影片剪辑元件。将"花朵_动1"元件拖动至舞台，并在"变形"面板中设置"水平倾斜"值为180，并在该图层的第95帧插入帧，如图8-53所示。

Step 7 新建"图层2"，在该图层的第89帧插入空白关键帧。将"花朵_动2"元件拖动至舞台，并在"变形"面板中设置"缩放宽度"值和"缩放高度"值均为40%，如图8-54所示。

Step 8 新建"图层3"，在该图层的第31帧插入空白关键帧。将"花朵_动3"元件拖动至舞台，并在"变形"面板中设置"缩放宽度"值和"缩放高度"值均为30%，如图8-55所示。

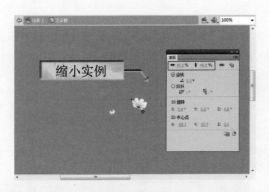

图8-54 缩小实例

图8-55 缩小实例

Step 9　　新建"图层4"，在该图层的第77帧插入空白关键帧，将"花朵_动2"元件拖动至舞台，如图8-56所示。

Step 10　　依次创建"图层5"～"图层8"，制作出"花朵_动2"在不同的帧出现的动画，如图8-57所示。

图8-56 添加"花朵_动2"实例

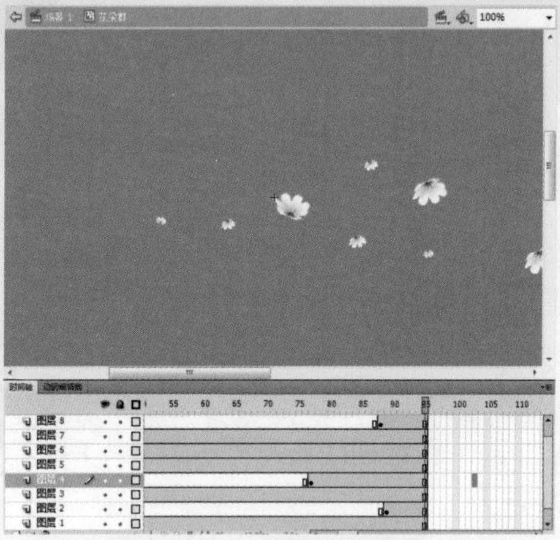

图8-57 创建花朵动画

Step 11　　新建"图层9"，在第95帧处插入空白关键帧，并为该帧添加"stop ();"脚本。

8.3.4　实战步骤2——制作点缀点动画

制作点缀点动画的具体操作步骤如下：

Step 1　　按〈Ctrl+F8〉组合键，新建"点缀点"影片剪辑元件。单击刷子工具，设置"填充颜色"为"白色"，在舞台上绘制一个小白点，如图8-58所示。

Step 2　　使用选择工具选择绘制的白点，按〈F8〉键，将其转换为"点"图形元件。右击"图层1"，在弹出的快捷菜单中单击"添加传统运动引导层"命令，如图8-59所示。创建"引导层: 图层 1"，并将其更名为"图层2"。

Step 3　　单击钢笔工具，设置"笔触颜色"和"笔触高度"分别为"黑色"和1，在舞台上绘制一条曲线，作为运动路径，如图8-60所示。

Step 4　　在"图层2"的第92帧插入帧。单击选择工具，将"图层1"中"点"实例的中心变形点对齐曲线的右端点，如图8-61所示。

图8-58 绘制小白点

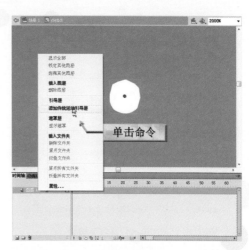

图8-59 单击命令

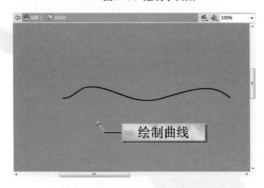

图8-60 绘制曲线

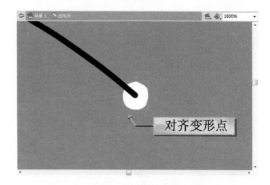

图8-61 对齐实例变形点

Step 5 在"图层1"的第92帧插入关键帧,并在该图层的第1~92帧之间创建传统补间动画。选择第92帧对应的实例,将其移至曲线左侧,并将实例的中心点与左端点对齐,如图8-62所示。

Step 6 选择"图层1"的第1帧,按〈F5〉键,插入帧,在第1~93帧之间插入多个关键帧,并分别设置各关键帧对应实例的Alpha值和位置,制作出"点"实例沿曲线由右向左运动并渐隐,如图8-63所示。

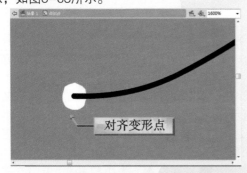

图8-62 对齐实例的变形点

图8-63 创建传统补间动画

Step 7 在"图层1"的第94帧插入关键帧,在第146帧插入帧,如图8-64所示。

Step 8 参照"图层1"和"引导层:图层1"中点动画的创建,依次创建沿其他曲线路径运动的点动画,如图8-65所示。

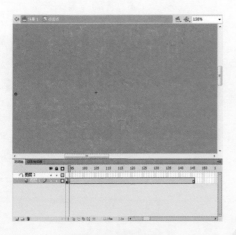

图8-64 插入关键帧

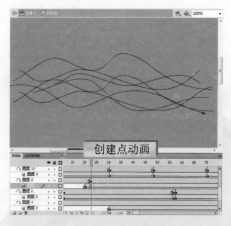

图8-65 创建点动画

Step 9　　新建"图层20"，在该图层的第234帧插入空白关键帧，并为该帧添加"stop ();"脚本。

8.3.5　实战步骤3——制作闪光圆和发光球动画

制作闪光圆和发光球动画的具体操作步骤如下：

Step 1　　按〈Ctrl＋F8〉组合键，新建一个名为"闪光圆"的影片剪辑元件。双击该元件，进入该元件的编辑区，将image 5位图拖动至舞台，放在舞台正中央，并将其分离，效果如图8-66所示。

图8-66 添加"image 5"位图

图8-67 设置实例的属性

Step 2　　新建"闪光圆组合"影片剪辑元件，在"图层1"的第22帧插入关键帧。将"闪光圆"元件拖动至舞台，并设置实例的Alpha值为11%、"缩放宽度"和"缩放高度"均为70%，效果如图8-67所示。

Step 3　　依次在"图层1"的第39、44、54、62、63、76帧插入关键帧，在第87帧插入帧，并删除第39和63帧对应的实例，如图8-68所示。

Step 4　　在"图层1"的第44、54和62帧之间创建传统补间动画，选择第44帧对应的实例，调整其位置、大小和Alpha值，效果如图8-69所示。

Step 5　　选择"图层1"中第54帧对应的实例，调整其位置、大小和Alpha值，效果如图8-70所示。

Step 6　　选择"图层1"中第62帧对应的实例，调整其位置、大小和Alpha值，效果如图8-71所示。

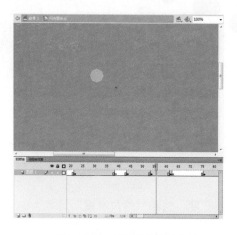

图8-68 插入关键帧并删除实例

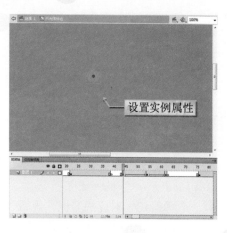

图8-69 设置实例的属性

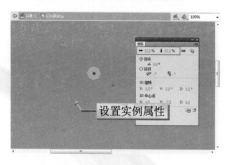

图8-70 设置实例的属性

图8-71 设置实例的属性

Step 7 　参照"图层1"中"闪光圆"动画的制作，依次创建其他图层上的"闪光圆"动画，制作出闪光圆无规律出现的动画，如图8-72所示。

Step 8 　新建"发光球"影片剪辑元件，进入该元件的编辑区。单击椭圆工具，按〈Shift〉键并拖动鼠标，绘制"宽"和"高"均为53的发光正圆，效果如图8-73所示。

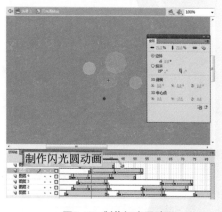

图8-72 制作闪光圆动画

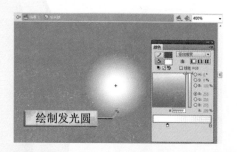

图8-73 绘制发光圆

Step 9 　按〈Ctrl+F8〉组合键，新建"发光球动"影片剪辑元件。进入该元件的编辑区，将"发光球"元件拖动至舞台，放在舞台正中央，效果如图8-74所示。

Step 10 　在"图层1"的第10、16帧插入关键帧，并在各关键帧之间创建传统补间动画。选择第1帧对应的实例，设置"缩放宽度"值和"缩放高度"值均为17%，如图8-75所示。

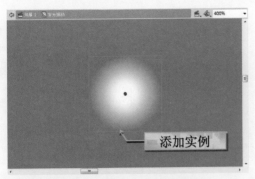

图8-74 添加"发光球"实例

图8-75 缩小实例

Step 11 选择第10帧对应的实例，设置"缩放宽度"值和"缩放高度"值均为81%，如图8-76所示。

Step 12 选择第16帧对应的实例，设置"缩放宽度"值和"缩放高度"值均为25.3%，Alpha值为0%，效果如图8-77所示。

图8-76 缩小实例

图8-77 缩小并设置实例的Alpha值

Step 13 新建"发光球组合"影片剪辑元件。进入该元件的编辑区，在"图层1"的第35帧插入空白关键帧，在第113帧插入帧，将"发光球动"元件拖动至舞台，效果如图8-78所示。

Step 14 依次创建"图层2"～"图层14"，并在各图层插入相应的关键帧。将"发光球动"实例沿曲线排列在舞台，制作出"发光球动"实例逐渐增多的动画效果，如图8-79所示。

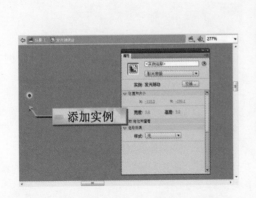

图8-78 添加"发光球动"实例

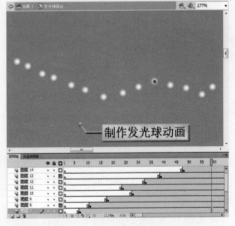

图8-79 制作"发光球动"动画

Step 15 新建"图层15"，在第113帧插入空白关键帧，并为该帧添加"stop();"脚本。

8.3.6 实战步骤4——合成文本动画

合成文本动画的具体操作步骤如下：

Step 1 新建"文本动画组合"影片剪辑元件。单击文本工具，在舞台上创建"巴黎欧瑞拉美白系列"文本，并在"属性"面板中设置字体的"系列"、"大小"和"文本（填充）颜色"分别为"幼圆"、23和"墨绿色"（#195027），如图8-80所示。

Step 2 使用选择工具选择文本，按〈Ctrl＋B〉组合键，将文本块分离为单个文字。右击这些文字，在弹出的快捷菜单中单击"分散到图层"命令，如图8-81所示。

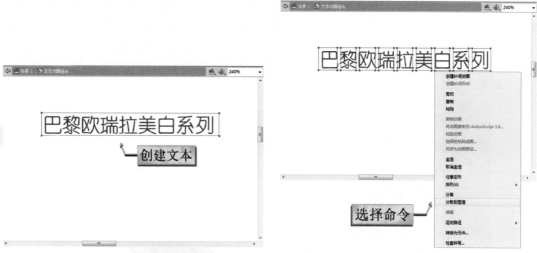

图8-80 创建文本　　　　　　　　　　　　图8-81 分离文本

Step 3 完成命令的执行，将文本分散到相应的图层，删除"图层1"。依次将各图层上的文字转换为以相应文字命名的"图形"元件，并在所有图层的第313帧插入帧，如图8-82所示。

Step 4 在"巴"图层的第20、26和27帧插入关键帧，并在各关键帧之间创建传统补间动画。选择第1帧对应的实例，设置"缩放宽度"值和"缩放高度"值分别为29%和30%、Alpha值为0%，效果如图8-83所示。

图8-82 将文字转换为元件　　　　　　　　图8-83 设置实例的属性

Step 5 选择"巴"图层第20帧对应的实例，设置"缩放宽度"值和"缩放高度"值分别为115.8%和120%、"样式"为"高级"并设置相应的参数，效果如图8-84所示。

Step 6 选择"巴"图层第26帧对应的实例，设置"缩放宽度"值和"缩放高度"值分别为93.3%和102.9%、"样式"为"高级"并设置相应的参数，效果如图8-85所示。

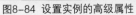

图8-84 设置实例的高级属性

图8-85 设置实例的高级属性

Step 7 选择"黎"图层的第1帧,将其拖动至该图层的第8帧。参照"巴"图层中文本动画的创建,依次在"黎"图层插入相应的关键帧,并制作出文本由小渐入然后变小并逐渐清晰的文本动画,如图8-86所示。

Step 8 参照"黎"图层中的文本动画创建,依次创建其他文本图层中的动画,制作出文本由小渐入然后变小并逐渐清晰的文本动画,如图8-87所示。

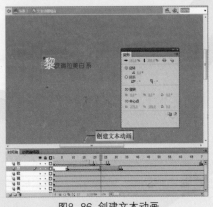

图8-86 创建文本动画

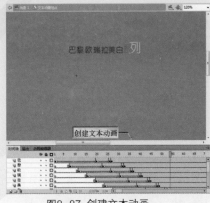

图8-87 创建文本动画

Step 9 新建"闪光圆组合"图层,并在该图层的第74帧插入空白关键帧。将"闪光圆组合"元件拖动至舞台,设置X值和Y值分别为52.9和13.9,并将"闪光圆组合"图层放最底层,如图8-88所示。

Step 10 新建"新品上市"图层,并在该图层的第76帧插入空白关键帧。单击文本工具,第一行文本下方创建"新品上市!"文本,并在"属性"面板中设置字体的"系列"和"大小"分别为"华文细黑"和13,如图8-89所示。

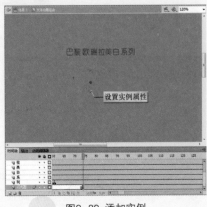

图8-88 添加实例

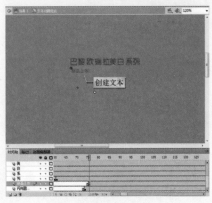

图8-89 创建文本

Step 11 使用选择工具选择文本，将其转换为"新品上市"图形元件。依次在"新品上市"图层的第87、96和97帧插入关键帧，并在各关键帧之间创建传统补间动画，如图8-90所示。

Step 12 选择"新品上市"图层中第76帧对应的实例，设置Alpha值为0%，并将实例向左移动一小段距离，如图8-91所示。

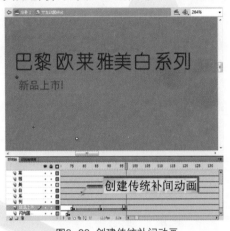
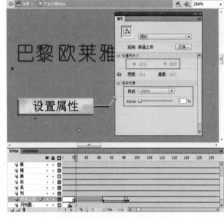

图8-90 创建传统补间动画　　　　　　　图8-91 设置实例的属性

Step 13 选择"新品上市"图层中第87帧对应的实例，设置Alpha值为75%，并将实例向左移动一小段距离，如图8-92所示。

Step 14 选择"新品上市"图层中第96帧对应的实例，设置Alpha值为95%，并将实例向左移动一小段距离，如图8-93所示。

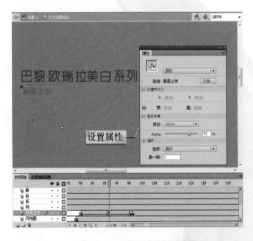
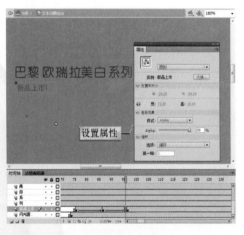

图8-92 设置实例的属性　　　　　　　图8-93 设置实例的属性

Step 15 参照"新品上市"图层中文本动画的创建，创建"广告语1"图层及其中的文本动画，制作出"广告语1"实例从左向右缓慢移动并逐渐清晰的文本动画，如图8-94所示。

Step 16 参照"新品上市"图层中文本动画的创建，创建"广告语2"图层及其中的文本动画，制作出"广告语2"实例从左向右缓慢移动并逐渐清晰的文本动画，如图8-95所示。

Step 17 在图层区的最上方创建"Action"，在第135、313帧插入空白关键帧，并为这两个空白关键帧添加"stop ();"脚本。

图8-94 创建"广告语1"动画　　　　　　　图8-95 创建"广告语2"动画

8.3.7　实战步骤5——合成化妆品广告动画

合成化妆品广告动画的具体操作步骤如下：

Step 1　按〈Ctrl＋E〉组合键，返回主场景。将"图层1"更名为"背景"，并在该图层的第130帧插入帧，将"库"面板中的"背景"元件拖动至舞台，在"属性"面板中设置X值和Y值均为0，效果如图8-96所示。

Step 2　新建"标识"图层，将"库"面板中的"欧瑞拉标识"元件拖动至舞台，设置"宽度"和"高度"分别为120和52.9，放在舞台的右上角，效果如图8-97所示。

图8-96 添加"背景"实例　　　　　　　　　图8-97 添加标识实例

Step 3　新建"花朵"图层，在该图层的第28帧插入空白关键帧，将"库"面板中的"花朵群"元件拖动至舞台，设置X值和Y值分别305.3和32.1，效果如图8-98所示。

Step 4　新建"广告明星"图层，将"库"面板中的"广告明星"元件拖动至舞台，设置"宽度"和"高度"分别为408.6和380，放置在舞台的左侧，效果如图8-99所示。

图8-98 添加"花朵群"实例　　　　　　　　图8-99 添加"广告明星"实例

Step 5　新建"点缀点"图层,将"库"面板中的"点缀点"元件拖动至舞台,设置X值和Y值分别为280.45和87.85,效果如图8-100所示。

Step 6　新建"化妆品"图层,在该图层的第10帧插入空白关键帧,将库中的"动态化妆品组合"元件拖动至舞台,设置X值和Y值分别596.8和227.35,效果如图8-101所示。

图8-100 添加"点缀点"实例　　　　　　　　图8-101 添加化妆品实例

Step 7　新建"文本动画组合"图层,在该图层的第100帧插入空白关键帧。将库中"文本动画组合"元件拖动至舞台,设置X值和Y值分别为328.95和181。新建Action图层,在第130帧插入空白关键帧,并为该帧添加"stop ();"脚本。

至此,完成该动画的制作,保存并测试该动画。

8.3.8 案例小结

对于一些化妆品产品的广告,应该尽量使用自然风格的配色,因为自然风格的颜色给人平静、舒服、清爽的感觉。本案例的主色调采用的是自然绿。在制作化妆品广告时,还要注意的一点就是化妆品本身的效果。只有漂亮、美观的商品,才能吸引浏览者的眼球。所以,用户在选取素材时,选择的对象应该是诸多对象中的典型,这样才能更好地体现出商品的完美。

通过本案例的制作过程,可以使读者了解如何制作象征性非常强烈的广告,以及在制作该类型的广告时如何搭配颜色,并最终与产品的特性融合在一起。

读书笔记

第9章

背投类广告

　　背投类广告是一种"小网页"形式的广告，其占用的版面很大。但是，背投类广告一般会以网页的形式出现，并自动在用户所打开网页的后面出现。背投类广告的形式主要有两种：一种是将数量庞大的商品罗列在一个版面中，进行标价展示，浏览者可以在其中获得许多商品的价格信息，这些类型的背投广告一般出现在一些具有交易性质的网站中；另一种是单一的对某一产品进行宣传，和视频类广告相似。例如，汽车广告等（用户可以将网页中的背投广告关闭掉，而本章所设计的背投广告中将不会涉及脚本，所以以制作好的窗口图形来模拟真实的背投广告的窗口）。

　　本章以数码相机背投广告和淘衣屋网站背投广告两个精彩的项目为例，向读者详细介绍企业网站背投类广告的创意技巧和设计方法。通过本章两个项目的制作，相信读者可以制作出优秀的背投类广告动画。

案例欣赏

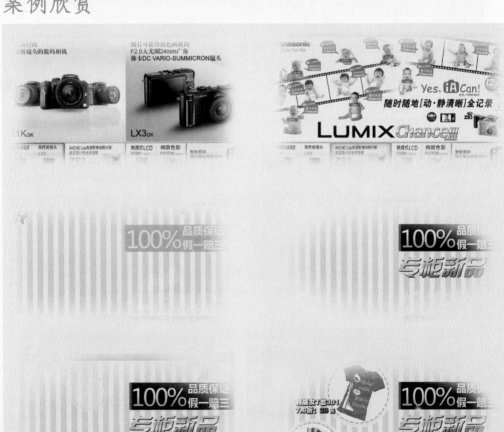

9.1 领先一步——背投类广告专业知识

在制作背投类广告动画前，用户需要了解背投类广告的设计特点和设计要求。这样才能在制作背投类广告动画时，针对目标网站，充分地展现网站的风格和传播价值。下面将对背投类广告动画的特点、设计要求做一个全面的介绍。

9.1.1 背投类广告的特点

对于背投广告的原理来说并没有什么难度，无非打开的窗口失去焦点（focus），而原来页面得到焦点。但对于流行的浏览器来说，如果非用户行为的弹出窗口（即加载时，广告窗口自动打开，对应的脚本为window.open），会被浏览器默认拦截。

背投广告，既然被称为广告，那如何才能让广告主的钱花得实在，花得乐意呢？设计师可以增加判断，如果该弹出窗口被浏览器拦截，则只要用户单击页面就触发window.open事件，这样一般不会拦截，浏览器会认为这是用户的默认行为。

9.1.2 背投类广告的设计要求

背投类广告主要是展示和宣传产品的，而产品是为人服务的，所以在设计背投类广告时，产品的特点要满足人的心理和生活需要等基本要求。许多成功的广告是根据用户的需求而设计的，例如，饮食的欲望、安全的欲望、被人赞美的欲望以及自我表现的欲望等。这个基本的需求原理有助于在设计背投类广告时，认真思考广告主题后寻求创意的出发点。因此，才能制作真正打动人心的广告，制作的广告才能更加具有吸引力。

9.1.3 精彩背投类广告欣赏

背投类广告在网络上随处可见，下面介绍淘宝网站、购物网站、游戏网站和选秀活动4个精彩的背投广告。

1.淘宝网站背投广告

图9-1所示的是淘宝网站背投广告。动画以对比强烈的红色和黄色作为背景颜色，在吸引人眼球的同时，也突出了大奖的丰富。奖品以三维旋转的方式轮流转换，配上左右两侧的可爱角色，整个动画非常成功地完成了宣传的目的。

图9-1 淘宝网站背投广告

2.购物网站背投广告

图9-2所示的是购物网站背投广告。动画以深红色为背景色，绽放的烟花点缀了整个画面，

同时也增加了动画热烈的节日气息。另外，动感的文字效果也非常有创意。

图9-2 购物网站背投广告

3.游戏网站背投广告

图9-3所示的是游戏网站背投广告。动画以高彩度的黄色至桃红进行完美的渐变，并且加上梦幻的紫色，突出游戏的特点，文本及文本动画均非常精美。

图9-3 游戏网站背投广告

4.选秀活动背投广告

图9-4所示的是选秀活动背投广告。整个动画的节奏十分明快，动感十足。明灰和白色表现出一种时尚和摩登的风格，非常具有震憾力。

图9-4 选秀活动背投广告

9.2 精彩项目1——数码相机背投广告

本案例设计的是一个数码相机的广告，通过运用由ActionScript动作脚本产生的鼠标滑动变色和转场功能，将产品的不同特性展示出来，使广告的画面更加生动，达到了宣传的效果。

9.2.1　效果展示——动态效果赏析

本实例制作的是数码相机背投广告，动态效果如图9-5所示。

图9-5　数码相机背投广告赏析

9.2.2　设计导航——流程剖析与项目规格

通过对上述内容的学习，相信读者已经对背投广告有了大致的了解。下面将具体介绍一款背投广告的制作，首先还是来看其设计尺寸与设计流程的介绍。

1.项目规格——967像素×540像素（宽×高）

背投类广告的规格一般均采用横向式的版面，使画面横向充满整个屏幕，这样具有极强的视觉效果。根据客户的需求，此广告的尺寸设计为967像素×540像素，规格展开图如图9-6所示。

图9-6　规格展开图

2.流程剖析

本案例的制作流程剖析如下。

Step 1 制作主画面元件 技术关键点："导入"命令、文本、"遮罩"、滤镜	Step 2 合成背投动画1 技术关键点：文本工具、滤镜、运动补间
	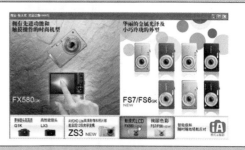
Step 3 合成背投动画2 技术关键点：文本工具、传统补间动画	Step 4 保存并输出动画 技术关键点：遮罩、形状补间、传统补间动画

9.2.3 实战步骤1——制作加载和滑块元件

制作加载和滑块元件的具体操作步骤如下：

Step 1 新建"Lumix动画"影片剪辑元件，将库中的Lumix元件拖动至舞台，设置"缩放宽度"值和"缩放高度"值均为260.5%、"实例名称"为lumixlo，如图9-7所示。在"图层1"的第2、3、5、6、7、8和10帧插入关键帧，并在各关键帧之间创建传统补间动画。

Step 2 选择第2帧对应的实例，在"属性"面板中设置"样式"为"高级"，并设置相应的参数，将实例呈灰色显示，如图9-8所示。

图9-7 添加Lumix实例　　　　　　　　　图9-8 为实例添加"高级"颜色样式

Step 3 参照步骤3的操作，依次为"图层1"中第3、5、6、7和8帧对应的实例添加不同参数的"高级"颜色样式，制作出实例在"黑色"、"灰色"至"白色"的变化，如图9-9所示。

Step 4 新建"Lumix标题"影片元件，将制作好的"Lumix动画"元件拖动至舞台，设置X值和Y值均为0、"实例名称"为lload，如图9-10所示。

图9-9 为实例添加"高级"颜色样式　　　　　　图9-10 添加"Lumix动画"实例并重命名

Step 5　　新建"滑块1"影片剪辑元件，将"库"面板中的"矩形_白色1"元件拖动至舞台，放在舞台的正中央。新建"图层2"，在第2帧插入空白关键帧，打开其对应的"动作"面板，输入相应的脚本。用同样的方法，在第5~7帧均添加相应的控制脚本。

Step 6　　新建"滑块2"影片剪辑元件，将"库"面板中的"矩形_白色1"元件拖动至舞台，放在舞台的正中央。

9.2.4　实战步骤2——制作主画面元件

制作主画面元件的具体操作步骤如下：

Step 1　　新建"画面1"影片剪辑元件，将"库"面板中"位图"文件夹中的image 1位图拖动至舞台，并将其分离，如图9-11所示。

Step 2　　新建"图层2"，将"矩形_透明"元件拖动至舞台，放在位图的左侧，如图9-12所示。

图9-11 添加image 1位图　　　　　　　　图9-12 添加"矩形_透明"实例

Step 3　　新建"图层3"，将"矩形_透明"元件拖动至舞台，放在位图的右侧，如图9-13所示。

Step 4　　新建"画面2"影片剪辑元件，将"库"面板中"位图"文件夹中的image 2位图拖动至舞台，并将位图分离，如图9-14所示。

Step 5　　新建"画面3"影片剪辑元件，将"库"面板中"位图"文件夹中的image 3位图拖动至舞台，并将位图分离，如图9-15所示。

Step 6　　新建"图层2"，将"矩形_透明"元件拖动至舞台，放在位图的左侧，并设置其"实例名称"为on580，如图9-16所示。

图9-13 添加"矩形_透明"实例

图9-14 添加位图

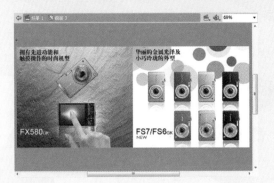

图9-15 添加位图

图9-16 添加"矩形_透明"实例并重命名

Step 7 新建"图层3",将"矩形_透明"元件拖动至舞台,放在位图的右侧,并设置"实例名称"为on7,如图9-17所示。

Step 8 新建"画面4"影片剪辑元件,将"库"面板中"位图"文件夹中的image 4位图拖动至舞台,并将其分离,如图9-18所示。

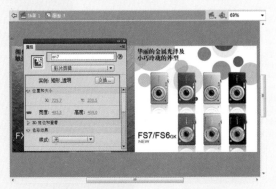

图9-17 添加"矩形_透明"实例并命名

图9-18 添加位图

Step 9 新建"主画面"影片剪辑元件,将"图层1"更名为"画面4"。将"库"面板中的"画面4"元件拖动至舞台,放在舞台的正中央,并设置"实例名称"为mcia,如图9-19所示。选择"画面4"实例,为其添加相应的控制脚本。

Step 10 新建"画面3"图层,将"库"面板中的"画面3"元件拖动至舞台正中央,并设置"实例名称"为mclu,如图9-20所示。选择"画面3"实例,为其添加相应的控制脚本。

Step 11 新建"画面2"图层,将库中的"画面2"元件拖动至舞台正中央,并设置"实例名称"为mczs,如图9-21所示。选择"画面2"实例,为其添加与"画面4"实例相同的脚本。

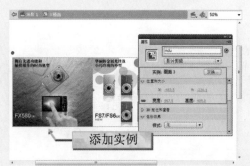

图9-19 添加"画面4"实例并重命名　　　　　图9-20 添加"画面3"实例并重命名

Step 12　新建"画面1"图层，将"库"面板中的"画面1"元件拖动至舞台正中央，并设置"实例名称"为mcgl，如图9-22所示。选择"画面1"实例，为其添加与"画面3"实例相同的脚本。

图9-21 添加"画面2"实例并重命名　　　　　图9-22 添加"画面1"实例并重命名

9.2.5　实战步骤3——合成背投动画1

合成背投动画1的具体操作步骤如下：

Step 1　按〈Ctrl+E〉组合键，返回主场景。将"图层1"更名为"灰色矩形条"，在该图层的第2帧插入空白关键帧，将"库"面板中的"矩形条_灰色"元件拖动至舞台，设置X值和Y值均为0，放在舞台的底部，如图9-23所示。

Step 2　新建"滑块 1"图层，在该图层的第2帧插入空白关键帧，将库中的"滑块1"元件拖动至舞台，设置X值和Y值分别为-201.1和41.5，放在舞台外的左侧，如图9-24所示。

图9-23 添加"矩形条_灰色"实例　　　　　图9-24 添加"滑块1"实例

Step 3　在"属性"面板中设置"滑块1"实例的"实例名称"为myeng。选择该实例，按

〈F9〉键，在弹出的"动作"面板输入相应的控制脚本。

Step 4　新建"滑块2"图层，在第2帧插入空白关键帧。将库中的"滑块2"元件拖动至舞台，设置X值和Y值分别为-148.25和41.5，放在舞台外的左侧，如图9-25所示。

Step 5　在"属性"面板中，设置"滑块2"实例的"实例名称"为btneng。选择该实例，按〈F9〉键，在弹出的"动作"面板中输入相应的控制脚本。

图9-25 添加"滑块2"实例　　　　图9-26 添加"主画面"实例并命名

Step 6　新建"主画面"图层，在该图层的第2帧插入空白关键帧。将库中的"主画面"元件拖动至舞台，设置X值和Y值分别为483.5和220.05，设置"实例名称"为mcmc，如图9-26所示。

Step 7　新建"主按钮1"图层，在该图层的第2帧插入空白关键帧。将库中的"主按钮1"元件拖动至舞台左下角，设置"实例名称"为btn004，如图9-27所示。选择"主按钮1"实例，在"动作"面板中输入如下脚本。

```
on (rollOver)
{
    _root.myeng.gotoAndStop(1);
    _root.btn004.btn4on.gotoAndPlay(1);
    if (_root.btneng.eng != 1)
    {
        _root.btneng.eng = 1;
        _root.mcmc.wm._visible = true;
        _root.mcmc.wm.setPos(100);
    } // end if
}
on (rollOut, dragOut)
{
    _root.myeng.play();
}
```

Step 8　新建"主按钮2"图层，在该图层的第2帧插入空白关键帧，将库中"主按钮2"元件拖动至舞台，放在"主按钮1"实例的右侧，设置"实例名称"为btn001，如图9-28所示。

Step 9　选择"主按钮2"实例，按〈F9〉键，在弹出的"动作"面板中输入如下脚本。

```
on (rollOver)
{
    _root.myeng.gotoAndStop(1);
    _root.btn001.btn1on.gotoAndPlay(1);
    if (_root.btneng.eng != 2)
```

```
    {
        _root.btneng.eng = 2;
        _root.mcmc.wm._visible = true;
        _root.mcmc.wm.setPos(100);
    } // end if
}
on (rollOut, dragOut)
{
    _root.myeng.play();
}
on (release)
{
    getURL("/products/zs3/index.html", "_self");
}
```

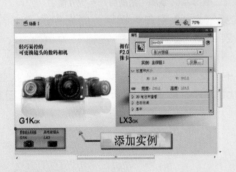

图9-27 添加"主按钮1"实例并命名

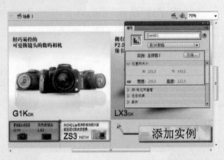

图9-28 添加"主按钮2"实例并命名

Step 10 新建"主按钮3"图层,在该图层的第2帧插入空白关键帧。将库中"主按钮3"元件拖动至舞台,放在"主按钮2"实例的右侧,设置"实例名称"为btn003,如图9-29所示。

Step 11 选择"主按钮3"实例,按〈F9〉键,在弹出的"动作"面板中输入如下脚本。

```
on (rollOver)
{
    _root.myeng.gotoAndStop(1);
    _root.btn003.btn3on.gotoAndPlay(1);
    if (_root.btneng.eng != 3)
    {
        _root.btneng.eng = 3;
        _root.mcmc.wm._visible = true;
        _root.mcmc.wm.setPos(100);
    } // end if
}
on (rollOut, dragOut)
{
    _root.myeng.play();
}
```

图9-29 添加"主按钮3"实例并重命名　　　　图9-30 添加"主按钮4"实例并重命名

Step 12　新建"主按钮4"图层，在该图层的第2帧插入空白关键帧。将库中"主按钮4"元件拖动至舞台，放在"主按钮3"实例的右侧，设置"实例名称"为btn002，如图9-30所示。

Step 13　选择"主按钮4"实例，按〈F9〉键，在弹出的"动作"面板中输入如下脚本。

```
on (rollOver)
{
    _root.myeng.gotoAndStop(1);
    _root.btn002.btn2on.gotoAndPlay(1);
    if (_root.btneng.eng != 4)
    {
        _root.btneng.eng = 4;
        _root.mcmc.wm._visible = true;
        _root.mcmc.wm.setPos(100);
    } // end if
}
on (rollOut, dragOut)
{
    _root.myeng.play();
}
on (release)
{
    getURL("/products/features/ia_mode.html", "_self");
}
```

9.2.6　实战步骤4——合成背投动画2

合成背投动画2的具体操作步骤如下：

Step 1　新建Lumix图层，将库中"Lumix标题"元件拖动至舞台，设置X值和Y值分别为483.5和270、"实例名称"为lloa，如图9-31所示。

Step 2　选择"Lumix标题"实例，按〈F9〉键，在弹出的"动作"面板中输入如下脚本。

```
onClipEvent (load)
{
    function setPos(d)
    {
        zAlpha = d;
```

```
    } // End of the function
    zAlpha = this._alpha;
}
onClipEvent (enterFrame)
{
    this._alpha = this._alpha + (zAlpha – this._alpha) / 3;
    if (this._alpha < 1)
    {
        this._visible = false;
    } // end if
}
```

Step 3 新建"窗口"图层,将库中的"窗口"元件拖动至舞台,设置X值和Y值分别为359.55和540.65,如图9-32所示。

图9-31 添加"Lumix标题"实例并命名

图9-32 添加"窗口"实例

Step 4 新建"脚本"图层,在该图层的第2帧插入空白关键帧,按〈F9〉键,在弹出的"动作"面板中输入"this.stop();"脚本。

至此,完成该动画的制作,保存并测试该动画效果。

9.2.7 案例小结

在设计数码相机产品的广告时,应尽量体现商品的品牌与性能,这样才可以完全地展现商品的价值。在本案例的设计过程中,体现了数码相机使用方便、功能强大、时尚新颖的特性,激发浏览者的购买欲望。不同的商品有着不同的用户群。例如,本案例设计的商品主要是针对年轻人设计的,所以,动画特效要显得非常地动感,体现出一种时尚与潮流的快感,充分表达产品的可用性。

通过本案例的制作,读者了解到如何设计一款针对年青人的背投广告。例如,可以将数码产品设计得动感时尚,使浏览者陶醉于商品的美观与高性能中,以此吸引浏览者购买该商品。

9.3 精彩项目2——淘衣屋网站背投广告

本实例将模拟制作淘衣屋网站的背投广告,动画以粉红和白色的条纹作为背景,衬托出新款服饰的美观与质量,其合理的文本动画充分地激发了消费者购买服饰的欲望。

9.3.1 效果展示——动态效果赏析

本实例制作的是淘衣屋网站背投广告，动态效果如图9-33所示。

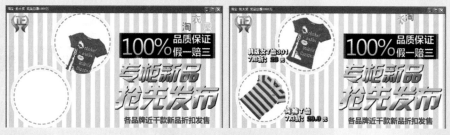

图9-33 淘衣屋网站背投广告

9.3.2 设计导航——流程剖析与项目规格

本节主要通过对背投类广告的规格展示以及效果流程图展示，让用户先行一步了解"数码相机背投广告"动画的一般设计过程以及各种背投类广告的规格，为设计背投广告打下基础。

1.项目规格——910像素×500像素（宽×高）

根据客户的需求，此广告的尺寸设计为910像素×500像素，规格展开图如图9-34所示。

图9-34 规格展开图

2.流程剖析

本案例的制作流程剖析如下。

Step 1 导入外部库，并制作其他元件 技术关键点："导入"命令、文本工具、添加元件	Step 2 合成背投动画1 技术关键点：时间轴、"库"面板、添加实例

Step 3 合成背投动画2 技术关键点：文本工具、脚本、遮罩动画	Step 4 保存并测试动画 技术关键点：遮罩动画、保存并测试影片

9.3.3 实战步骤1——制作标识动画元件

制作标识动画元件的具体操作步骤如下：

Step 1 新建Flash文档并设置其属性，然后将素材入库中。按〈Ctrl+F8〉组合键，新建"标识动画"影片剪辑元件。使用文本工具，在"属性"面板中设置字体的"系列"、"大小"和"文本（填充）颜色"分别为"迷你简秀英"、50和"红色"，其他设置保持默认。在舞台中输入"淘衣屋"，如图9-35所示。

Step 2 选择"淘"字，修改"文本（填充）颜色"为"桔红色"（#FF6600）。参照此操作，依次修改"衣"、"屋"文字的"文本（填充）颜色"分别为"天蓝色"（#32CCFF）和"黄色"（#FFCC32），如图9-36所示。

图9-35 创建文本　　　　　　　　　　图9-36 修改文本颜色

Step 3 使用选择工具选择文本，按〈Ctrl+B〉组合键，将其分离为单个文字。选择"淘"字，在"属性"面板的"滤镜"栏中为其添加"颜色"、"模糊"、"强度"和"品质"分别为"白色"、2、500%和"高"的"发光"滤镜，如图9-37所示。

Step 4 参照步骤3的操作，依次为"衣"、"屋"文字添加相同的"发光"滤镜，如图9-38所示。

图9-37 为文本添加"发光"滤镜

图9-38 为文本添加"发光"滤镜

Step 5 使用选择工具选择"淘"字,按〈F8〉键,将其转换为"淘"影片剪辑元件。参照此操作,依次将"衣"、"屋"文字转换为相应的影片剪辑元件,如图9-39所示。

Step 6 使用选择工具选择"淘"、"衣"和"屋"3个实例并右击,在弹出的快捷菜单中单击"分散到图层"命令,将实例分散到图层,并删除"图层1",如图9-40所示。

图9-39 将文本转换为元件

图9-40 分散元件至图层

Step 7 选择"淘"实例,在"属性"面板中,设置X值和Y值分别为-226.3和-120.85。选择"衣"实例,修改Y值为-158.85,即只将该实例垂直向上移动一小段距离,如图9-41所示。

Step 8 在"淘"图层中的第17、19、20和21帧,按〈F6〉键,插入关键帧。并在第1~17帧、第17~19帧之间创建传统补间动画,如图9-42所示。

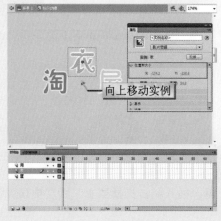
图9-41 将实例向上移动

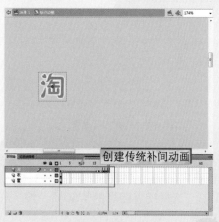
图9-42 创建传统补间动画

Step 9　依次选择"淘"图层中第1、17和19帧对应的实例，在"属性"面板中修改Y值分别为−240.85、−125.85和−133.85，制作出实例先向上跳一大段距离，然后下落再向上跳一小段距离的动画，如图9-43所示。

Step 10　选择"淘"图层第1~17帧之间的任意一帧，在"属性"面板的"补间"栏中设置"缓动"值为−100，并设置其他参数，如图9-44所示。

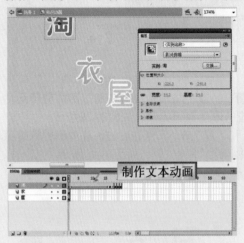

图9-43 制作文本上下运动动画

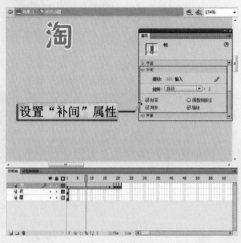

图9-44 设置动画属性

Step 11　参照上一步的操作，在"淘"图层的第17~19帧之间的补间设置相同的补间属性，如图9-45所示。

Step 12　选择"衣"图层的第1帧，将其拖动至第9帧，即第9帧之前的帧为空白帧，在该图层的第24帧插入关键帧，并在第9~24帧之间创建传统补间动画，如图9-46所示。

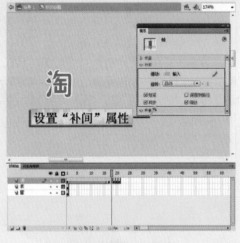

图9-45 设置动画属性

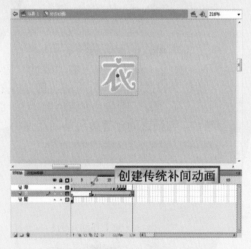

图9-46 创建传统补间动画

Step 13　选择"屋"图层的第1帧，将其拖动至第13帧，即第13帧之前的帧为空白帧。在该图层中的第29帧插入关键帧，并在第13~29帧之间创建传统补间动画，如图9-47所示。

Step 14　选择所有图层的第50帧，按〈F5〉键，插入帧。选择"衣"图层中第9帧对应的实例，在"属性"面板中设置X值为−348.2，即将实例向左移动一段距离，如图9-48所示。

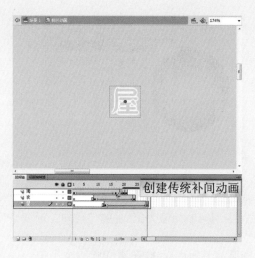

图9-47 创建传统补间动画

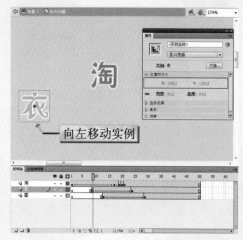

图9-48 将实例向左移动

Step 15 选择"衣"图层第9~24帧之间的任意一帧，在"属性"面板中设置动画属性，如图9-49所示。

Step 16 选择"屋"图层中第13帧对应的实例，在"属性"面板中设置"样式"为Alpha、"Alpha数量"为0%。选择第13~29帧之间的任意一帧，在"属性"面板中设置动画属性，如图9-50所示。

图9-49 设置动画属性

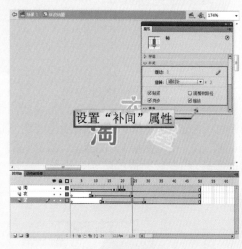

图9-50 设置动画属性

9.3.4 实战步骤2——制作发光球和闪光球元件

制作发光球和闪光球元件的具体操作步骤如下：

Step 1 按〈Ctrl＋F8〉组合键，新建一个名为"发光球"的图形元件。单击椭圆工具，在舞台上绘制一个"宽"和"高"均为397.9的正圆，并设置"填充颜色"为"白色"（Alpha值为34%）至"白色"（Alpha值为0%）的"放射状"渐变，如图9-51所示。

Step 2 新建"闪光球"图形元件，使用椭圆工具，在舞台上绘制一个"宽"和"高"均为84的正圆，并设置"填充颜色"为"白色"至"白色"（Alpha值为0%）的"径向"渐变，如图9-52所示。

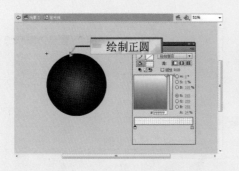

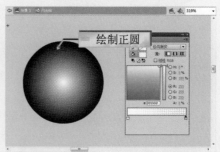

图9-51 创建"发光球"图形元件　　　　　　图9-52 绘制透明圆

<u>Step 3</u>　　新建"图层2"。单击椭圆工具，在舞台上绘制一个"宽"和"高"分别为114和8的椭圆，并设置"填充颜色"为"白色"至"白色"（Alpha值为0%）的"径向"渐变，如图9-53所示。

<u>Step 4</u>　　复制刚绘制的椭圆，将刚绘制的椭圆旋转90°，放在原椭圆的水平中心，如图9-54所示。

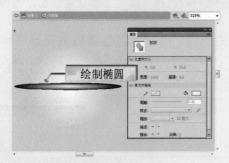

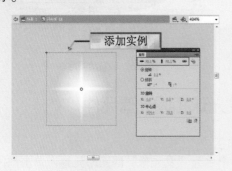

图9-53 绘制透明椭圆　　　　　　　　图9-54 复制并旋转椭圆

<u>Step 5</u>　　新建"闪光球_动"影片剪辑元件，将"闪光球"元件拖动至舞台，在"变形"面板中设置"缩放宽度"和"缩放高度"值均为48.1%，如图9-55所示。

<u>Step 6</u>　　在"图层1"的第11和22帧插入关键帧，并在各关键帧之间创建传统补间动画。分别选择第1和22帧对应的实例，设置"实例样式"为"Alpha"、"Alpha数量"为0%，如图9-56所示。

图9-55 添加"闪光球"实例　　　　　　图9-56 设置实例的Alpha值

<u>Step 7</u>　　同时选择"图层1"的第1~11帧、第11~22帧之间的任意一帧，在"属性"面板的"补间"栏中设置"旋转"为"顺时针"、"旋转次数"为1，如图9-57所示。

<u>Step 8</u>　　新建"图层2"，将其放在"图层1"的下方，并在该图层的第45帧插入帧，如图9-58所示。

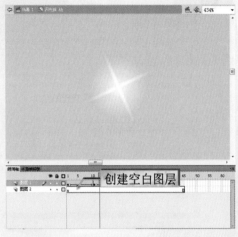

图9-57 设置"补间"属性　　　　　　　　　　图9-58 创建空白图层

9.3.5 实战步骤3——合成背投动画1

合并功能动画的具体操作步骤如下：

Step 1 按〈Ctrl＋E〉组合键，返回主场景。将"图层1"更名为"背景"，将"库"面板中的"条纹背景"元件拖动至舞台，设置X值和Y值均为0，如图9-59所示。

Step 2 在"背景"图层的第175帧插入帧，新建"发光球"图层。将"库"面板中的"发光球"元件拖动至舞台，设置"宽度"、"高度"、X值和Y值分别为587.9、360、561.9和291.9，Alpha值为45%，如图9-60所示。

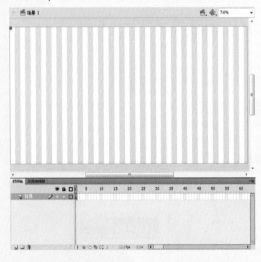

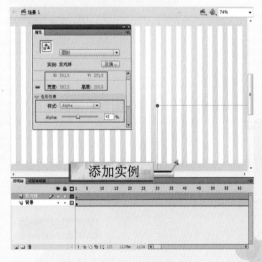

图9-59 添加"条纹背景"实例　　　　　　　图9-60 添加"发光球"实例

Step 3 使用选择工具选择"发光球"实例，按〈Ctrl＋D〉组合键，再制实例，并调整再制实例的"宽度"、"高度"、X值和Y值分别829.85、829.85、5和-342.85，Alpha值为80%，如图9-61所示。

Step 4 新建"100%"图层，将"库"面板中的100%元件拖动至舞台，设置X值和Y值分别为441.25和329.5，如图9-62所示。

Step 5 在100%图层的第10、12和13帧插入关键帧，并在各关键帧之间创建传统补间动画。选择第1帧对应的实例，修改X值为688.75（即水平向右移动实例），并为实例添加"高级"颜色样式，如图9-63所示。

Step 6　选择100%图层中第10帧对应的实例，修改X值为424.75，并为实例添加"高级"颜色样式，如图9-64所示。

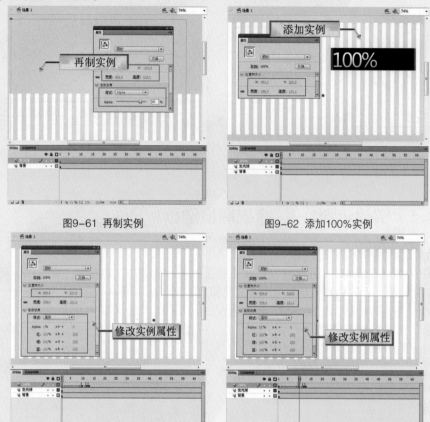

图9-61　再制实例　　　　　　　　　　图9-62　添加100%实例

图9-63　修改实例属性　　　　　　　　图9-64　修改实例属性

Step 7　选择100%图层中第12帧对应的实例，修改X值为435.75，并为实例添加"高级"颜色样式，如图9-65所示。

Step 8　参照100%图层中各关键帧的创建，创建"品质保证"图层，所对应的实例为"品质保证"，制作出实例从右向左、从透明逐渐清晰的动画，如图9-66所示。

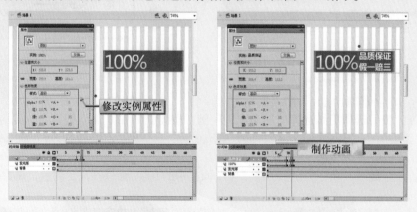

图9-65　修改实例属性　　　　　　　　图9-66　制作文本实例动画

Step 9　　新建"专柜新品"图层，在该图层的第7帧插入空白关键帧。将"库"面板中的"专柜新品"元件拖动至舞台，设置X值和Y值分别为462.5和99.4，如图9-67所示。

Step 10　　选择"专柜新品"实例，在"属性"面板的"滤镜"栏中为其添加"投影"滤镜，并设置相应的参数，如图9-68所示。

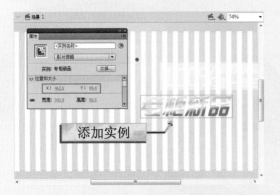

图9-67 添加"专柜新品"实例　　　　　　图9-68 为实例添加"投影"滤镜

Step 11　　在"专柜新品"图层上，选择第8帧并拖动至第19帧，将该图层第8~19帧全部选中，按〈F6〉键，插入关键帧，并在各关键帧之间创建传统补间动画，如图9-69所示。

Step 12　　选择"专柜新品"图层中第7帧对应的实例，修改Y值为346.9，并为其添加"高级"颜色样式，如图9-70所示。

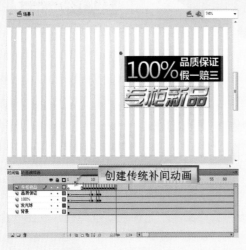

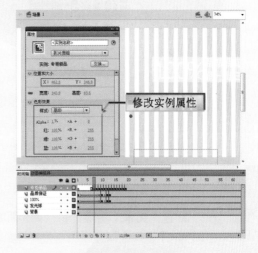

图9-69 创建传统补间动画　　　　　　　图9-70 修改实例属性

Step 13　　参照上一步骤的操作，依次设置第8~18帧所对应实例的Y值和"高级"颜色样式，制作出"专柜新品"实例从下往上、从透明逐渐清晰的动画，如图9-71所示。

Step 14　　新建"闪光球_动1"图层，在该图层的第19帧插入空白关键帧。将"库"面板中的"闪光球_动"元件拖动至舞台，放在"专柜新品"实例的右上角，如图9-72所示。

Step 15　　参照"专柜新品"和"闪光球_动1"图层的创建，创建"抢先发布"和"闪光球_动2"图层，制作出"抢先发布"实例从下往上、从透明逐渐清晰并添加闪光球旋转的动画，如图9-73所示。

图9-71 制作文本实例动画 图9-72 添加"闪光球_动"实例

Step 16 新建"闪光球_动3"图层，在该图层的第30帧插入空白关键帧。将"闪光球_动"元件拖动至舞台，放在"专"字图形上。再制"闪光球_动"实例，放在"发"字图形上，如图9-74所示。

图9-73 "抢先发布"和"闪光球_动2"图层 图9-74 添加"闪光球_动"实例

Step 17 新建"文本"图层，将"库"面板中的"文本"元件拖动至舞台，放在"抢先发布"实例的下方，并为其添加"颜色"为"白色"的"发光"滤镜。

9.3.6 实战步骤4——合成背投动画2

合成背投动画2的具体操作步骤如下：

Step 1 新建"圆盘"图层，在该图层的第24帧插入空白关键帧，将"库"面板中的"圆盘"元件拖动至舞台，设置X值和Y值分别为195和20，如图9-75所示。

Step 2 在"圆盘"图层的第33、37和39帧插入关键帧，并在各关键帧之间创建传统补间动画。选择第24帧对应的实例，在"变形"面板中，设置"缩放宽度"值和"缩放高度"值均为1%。在"属性"面板中，设置Alpha值为0%，如图9-76所示。

图9-75 添加"圆盘"实例　　　　　　图9-76 创建传统补间动画

Step 3　设置"圆盘"图层第33帧对应实例的"缩放宽度"和"缩放高度"均为120%，第37帧对应实例的"缩放宽度"和"缩放高度"均分为90%，第39帧对应实例的"缩放宽度"和"缩放高度"值均为96.7%，以制作出"圆盘"实例由小变大由大变小再变大的动画，如图9-77所示。

Step 4　新建"T恤_红"图层，在该图层的第40帧插入空白关键帧。将"库"面板中的"T恤_红"元件拖动至舞台，设置X值和Y值分别为202.5和63.6，如图9-78所示。

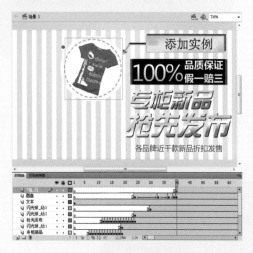

图9-77 制作"圆盘"实例动画　　　　　图9-78 添加"T恤_红"实例

Step 5　在"T恤_红"图层的第48、51和53帧插入关键帧，并在各关键帧之间创建传统补间动画。选择第40帧对应的实例，修改Y值为281.6，即实例向下移动一段距离，如图9-79所示。

Step 6　依次设置"T恤_红"图层的第48、51和51帧对应实例的Y值为33.6、83.6和70.25，制作出"T恤_红"实例由下往上、由上向下再向上的动画，如图9-80所示。

Step 7　新建"正圆"图层，在该图层的第40帧插入空白关键帧。将"库"面板中的"正圆"元件拖动至舞台，放置在"T恤_红"实例的正上方，如图9-81所示。

Step 8　右击"正圆"图层，在弹出的快捷菜单中单击"遮罩层"命令，创建遮罩动画，如图9-82所示。

图9-79 将实例向下移动　　　　　图9-80 制作"T恤_红"实例动画

图9-81 添加"正圆"实例　　　　　图9-82 创建遮罩动画

Step 9　　新建"价格1"图层，在该图层的第52帧插入空白关键帧，将"库"面板中的"价格1"元件拖动至舞台，设置X值和Y值分别为80.1和1683，如图9-83所示。

Step 10　　在"价格1"图层的第53、54、57和59帧插入关键帧，并在各关键帧之间创建传统补间动画。选择第52帧对应的实例，修改Y值为208.25（即实例向下移动一段距离），Alpha值为0%，如图9-84所示。

图9-83 添加"价格1"实例

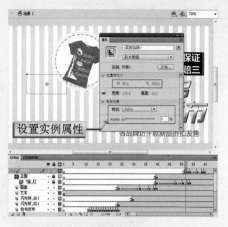

图9-84 修改实例的属性

Step 11 依次设置"价格1"图层的第53、54、57和59帧插入关键帧对应实例的Y值为196.25、184.25、148.25和161.6。其中，第53和54帧对应实例的Alpha值分别为20%和40%，制作出"价格1"实例由下往上、由上向下再向上的动画，如图9-85所示。

Step 12 参照步骤1~11的操作，依次新建"圆盘"、"T恤_绿"、"正圆"和"价格2"图层，并在各图层上创建相应的动画，制作出绿T恤从圆盘里由下往上然后向下再向上运动及相应价格的动画，如图9-86所示。

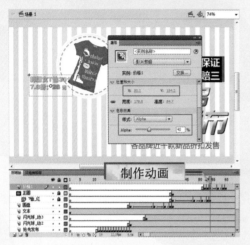

图9-85 制作"价格1"实例动画

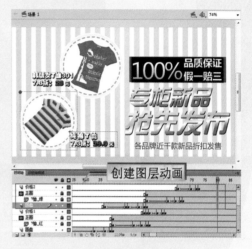

图9-86 创建绿T恤等图层动画

Step 13 新建"正品图标"图层，将"库"面板中的"正品图标"元件拖动至舞台，放在舞台的左上角，如图9-87所示。

Step 14 新建"标识"图层，将"库"面板中的"标识动画"元件拖动至舞台，设置"缩放宽度"值和"缩放高度"值均为80%、X值和Y值分别为938.4和182.3，如图9-88所示。

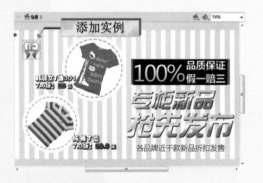

图9-87 添加"正品图标"实例

图9-88 添加"标识动画"实例

Step 15 新建"按钮"图层，将"库"面板中的"按钮"元件拖动至舞台，设置X值和Y值均为0，如图9-89所示。选择"按钮"实例，按〈F9〉键，在弹出的"动作"面板中输入相应的控制脚本。

Step 16 新建"窗口"图层，将"库"面板中的"窗口"元件拖动至舞台，设置X值和Y值分别为298.4和539.1，如图9-90所示。

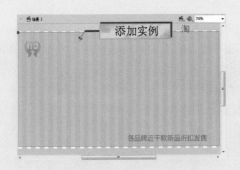

图9-89 添加"按钮"实例   图9-90 添加"窗口"实例

Step 17   新建"脚本"图层,选择该图层的第1帧,按〈F9〉键,在弹出的"动作"面板中输入如下脚本:

System.security.allowDomain("*");

至此,完成整个动画的设计与制作。

9.3.7 案例小结

在制作商品广告时,可以利用消费者喜欢专柜及打折产品的心理进行设计,通过商品的折后价来展现其价值,使浏览者在知道具体的市场行情时,又了解本网站所出售的商品的价格,从而将两者进行比较。通过两者的价格比较,浏览者必然会选择本网站中的商品,因为在使用价值相同的情况下,价格相对较少的商品则会被浏览者看中。

通过本案例的制作过程,读者了解了交易网站中的背投类广告的布局方法,并进一步理解了背投类广告的概念和设计理念。

第10章

全屏类广告

全屏类广告对于广告主来说，是一种广告效果巨大的广告形式。在广告发布页面里，它基本上可以达到独占。因此，在广告进行收缩的这段过程里，基本上对用户浏览广告没有任何干扰。

在主页打开之前，全屏演示广告内容，综合展示企业形象和能力，造成极大的视觉冲击，留下深刻的印象。之后，网民进入正常阅读页面。全屏广告的表现是根据广告创意的要求，充分利用整个页面的最大空间而进行广告信息的传递，通过特定技术手段把广告锁定在最大空间。对网民的视觉冲击力强烈，能够表达一个整体的宣传概念。

本章以葡萄酒网站全屏广告和游戏网站全屏广告两个精彩项目为例，向读者详细介绍企业网站全屏类广告的创意技巧和设计方法。通过本章两个项目的制作，相信读者可以制作出更加优秀的全屏式广告动画。

案例欣赏

10.1 领先一步——全屏类广告专业知识

在制作全屏类广告动画前，用户需要了解全屏类广告的设计特点和设计要求。这样才能在制作全屏类广告动画时，针对目标网站，充分地展现网站的风格和传播价值。下面将对全屏类广告动画的特点、设计要求向读者作一个全面的介绍。

10.1.1 全屏类广告的特点

全屏类广告是在用户打开浏览页面时，以全屏方式出现3~5秒，可以是静态的页面，也可以是动态的Flash效果，然后逐渐缩成Banner尺寸的网络广告形式。全屏类广告的面积大，表现力强，很吸引人，具有如下特点：

> 变化明显，在短时间内迅速达到最大的页面空间，这样可以诉求更多的广告信息。

> 可以支持多种的基本广告表现形式，并在此基础上发挥广告的最大空间，可以瞬间使访客注意广告内容，并产生联想。

> 传达丰富的信息，系统、完善、层次清晰的广告信息不仅可以使访客对产品或服务产生兴趣，并对企业品牌形象产生好感。

10.1.2 全屏类广告的设计要求

"突出主题，传递信息"是制作全屏类广告的基本原则，每一个全屏广告都有自己的主题，有它所要传递的信息，以及宣传中获得的效益。所以，在制作全屏类广告动画时，必须把握主题，并围绕主题进行Flash的设计和制作。

10.1.3 精彩全屏类广告欣赏

全屏类广告在网络上随处可见，下面介绍汽车网站、家居用品网站、服饰网站3个精彩的全屏广告。

1.汽车网站全屏广告

图10-1所示的是汽车网站全屏广告，动画中以摄像的镜头来捕捉出场新车，配合动感的音乐，十分精彩。

图10-1 汽车网站全屏广告

2.家居用品网站全屏广告

图10-2所示的是家居用品网站全屏广告，整个画面淡雅、清新，将产品的柔和、舒适特性完全展示出来，将享受带给浏览者。

图10-2 家居用品网站全屏广告

3.服饰网站全屏广告

图10-3所示的是服饰网站全屏广告，动画以色块的形式衬托服饰，整个动画明快、流畅，将产品的活泼、时尚展示出来。

图10-3 服饰网站全屏广告

10.2 精彩项目1——游戏网站全屏广告

本实例将模拟制作游戏网站全屏广告，动画一开始即以漂亮的游戏角色在动态的雪花中出现，然后依次将游戏的名称、广告语、各个游戏系统和导航呈现出来。各游戏系统均以火焰作为边框，将游戏的神秘和气势展现出来。每个游戏系统附有提示，让浏览者更加深入地了解新推出的动画，达到宣传的目的。

10.2.1 效果展示——动态效果赏析

本实例制作的是游戏网站全屏广告，动态效果如图10-4所示。

10.2.2 设计导航——流程剖析与项目规格

本节主要通过对全屏类广告的规格展示及效果流程图展示，让用户先行一步了解"游戏网站全屏广告"动画的一般设计过程以及各种全屏类广告的规格，为后面设计交互游戏打下基础。

图10-4 游戏网站全屏广告赏析

1.项目规格——1002像素×741像素（宽×高）

全屏类广告的规格一般均采用横向的版面，使画面充满整个屏幕，这样具有极强的视觉效果。根据客户的需求，此广告的尺寸设计为1002像素×741像素，规格展开图如图10-5所示。

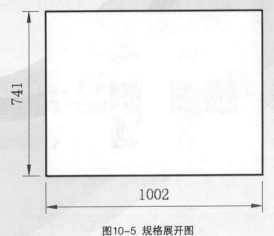

图10-5 规格展开图

2.流程剖析

本案例的制作流程剖析如下。

Step 1 导入外部库，并制作文本元件	Step 2 合面主动画1
技术关键点："导入"命令、文本工具、滤镜	技术关键点：时间轴、"库"面板、添加实例

Step 3 合成主动画2	Step 4 合成场景动画，保存、测试影片
技术关键点：传统补间动画、脚本	技术关键点：脚本、保存、测试影片

10.2.3 实战步骤1——制作各文本和文本主题元件

制作各文本和文本主题元件的具体操作步骤如下：

Step 1 按〈Ctrl＋F8〉组合键，新建一个名为"冰仙"的影片剪辑元件，并进入该元件的编辑区。单击文本工具，在舞台上创建"《冰仙》岁末特别版"文本。其中，"冰仙"文本的字体"系列"、"大小"和"字母间距"分别为"方正黄草简体"、110和–5；"《》"的字体"系列"、"大小"和"字母间距"分别为"方正综艺简体"、70和–5；"岁末特别版"文本的字体"系列"、"大小"和"字母间距"分别为"华文行楷"、80和–10，如图10-6所示。

Step 2 复制"图层1"中的第1帧，将文本分离为图形。单击墨水瓶工具，设置"笔触颜色"和"笔触高度"分别为"白色"和1。在分离后的文字上依次单击，为文本图形描边，并删除分离后的文本填充对象，如图10-7所示。

图10-6 创建文本 　　　　图10-7 制作镂空文本

Step 3 新建"图层2"，将其放在"图层1"的下方。单击矩形工具，沿着文本的边缘，绘制一个"填充颜色"为"深褐色"（#760101）至"黑色"的"线性"渐变矩形，如图10-8所示。

Step 4 将"图层1"中的文本描边图形剪切至"图层2"中。单击文本工具，选择文本轮廓外的所有填充图形，删除"图层1"并将"图层2"更名为"图层1"，如图10-9所示。

图10-8 绘制渐变矩形

图10-9 制作渐变文字

Step 5 新建"文本1"影片剪辑元件，将"冰雪"影片剪辑元件拖动至舞台，设置X值和Y值均为0，并为文本实例添加"投影"滤镜效果，如图10-10所示。

Step 6 新建"图层2"和"图层3"，在"图层1"的第77帧插入帧。选择"图层2"的第1帧，将"倾斜闪光条"元件拖动至舞台，设置X值和Y值均为0，如图10-11所示。

图10-10 添加"投影"滤镜

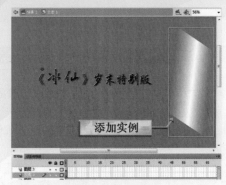

图10-11 添加实例

Step 7 在"图层2"的第19和20帧插入关键帧，依次将第1和19帧对应的实例分离，并在该图层的第1～19帧之间创建形状补间动画，如图10-12所示。

Step 8 选择"图层2"中第1帧对应的图形，使用任意变形工具，修改倾斜闪光条的形状和大小，如图10-13所示。

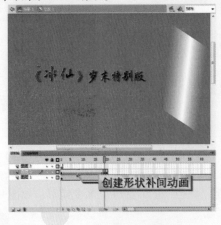

图10-12 创建形状补间动画

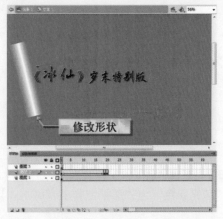

图10-13 修改倾斜闪光条的形状

Step 9 右击"图层3"的第1帧，在弹出的快捷菜单中单击"粘贴帧"命令，将步骤2中复制的帧进行粘贴，并在该图层的第20帧插入帧，如图10-14所示。

Step 10 右击"图层3"，在弹出的快捷菜单中单击"遮罩层"命令，创建遮罩动画，如图10-15所示。

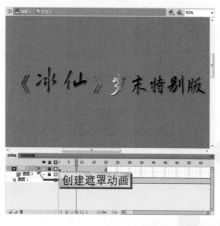

图10-14 粘贴帧　　　　　　　　　　　图10-15 创建遮罩动画

Step 11 参照"冰仙"影片剪辑元件的创建，创建"秘境"影片剪辑元件。其中，文本图形的描边颜色为"墨绿色"（#3B4E15）、填充颜色为"黄色"（#E3F211）至"黄绿色"（#6AB41F）的线性渐变，如图10-16所示。

Step 12 新建"文本2"影片剪辑元件，将"秘境"元件拖动至舞台，并为"秘境"实例添加"发光"滤镜，效果如图10-17所示。

图10-16 创建"秘境"影片剪辑元件　　　　图10-17 添加"发光"滤镜

Step 13 参照"冰仙"影片剪辑元件的创建，创建"飞升系统"、"入驻冰雪新服"和"升级系统"影片剪辑元件。其中，文本图形的描边颜色为"白色"、填充颜色为"深蓝色"（#000066）至"浅蓝色"（#0099CC）的线性渐变，如图10-18所示。

Step 14 参照"冰仙"影片剪辑元件的创建，创建"节日活动"、"血祭系统"和"造化系统"影片剪辑元件。其中，文本图形的描边颜色为"白色"、填充颜色为"黄绿色"（#6DA226）至"黄色"（# E3F32E）的线性渐变，如图10-19所示。

图10-18 创建其他影片剪辑元件　　　　　图10-19 创建其他影片剪辑元件

Step 15　在"库"面板中新建"文本"文件夹，依次将上面创建的所有文本影片剪辑元件拖动至"文本"文件夹中，如图10-20所示。

Step 16　新建"主题文本1"影片剪辑元件，将"圆角矩形"元件拖动至舞台，设置X值和Y值均为0，如图10-21所示。

图10-20 新建"文本"文件夹　　　　　　　　　图10-21 添加实例

Step 17　新建"图层2"，在圆角矩形上创建"全新技能组合，更强、更快、更个性化的角色养成。"文本，设置"文本类型"为"动态文本"，如图10-22所示。

Step 18　参照"主题文本1"影片剪辑元件的创建，依次创建"主题文本2"、"主题文本3"、"主题文本4"和"主题文本5"影片剪辑元件，如图10-23所示。

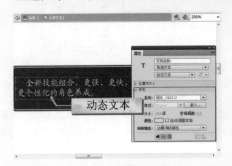 

图10-22 创建动态文本　　　　　　　　图10-23 创建其他影片剪辑元件

Step 19　新建"主题文本1_动"影片剪辑元件，将"主题文本1"元件拖动至舞台，设置X值和Y值均为0，如图10-24所示。

Step 20　在"图层1"的第7帧插入关键帧，并在第1~7帧之间创建传统补间动画，选择第1

帧对应的实例，设置Alpha值为0%，如图10-25所示。

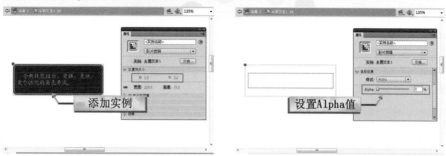

图10-24 添加实例　　　　　　　　图10-25 创建传统补间动画

Step 21 新建"图层2"，在第7帧插入空白关键帧，并为该帧添加脚本，如图10-26所示。

Step 22 参照"主题文本1_动"影片剪辑元件的创建，依次创建"主题文本2_动"、"主题文本3_动"、"主题文本4_动"和"主题文本5_动"影片剪辑元件，如图10-27所示。

图10-26 添加脚本　　　　　　　　图10-27 创建其他主题元件

10.2.4　实战步骤2——制作雪花和火团簇元件

制作雪花和火团簇元件的具体操作步骤如下：

Step 1 单击"插入"→"新建元件"命令，打开"创建新元件"对话框，新建"名称"和"类型"分别为"雪花1"和"图形"，如图10-28所示。单击"确定"按钮，进入元件编辑区。

图10-28 新建元件　　　　　　　　图10-29 绘制雪花小圆点

Step 2 单击刷子工具，在选项区中选择适当的"刷子大小"和"刷子形状"，并设置"填

235

充颜色"为"白色",在舞台中任意单击,绘制无规则的小圆点,效果如图10-29所示。

Step 3 重复步骤1~2的操作,新建一个"雪花2"图形元件。单击刷子工具,在舞台上绘制如图10-30所示的无规则小圆点。

Step 4 新建"雪花动画"影片剪辑元件,将"库"面板中的"雪花1"图形元件添加至舞台,并在"属性"面板中设置X值和Y值分别为-5和-211,并设置"样式"为Alpha、"Alpha数量"为75%,如图10-31所示。

图10-30 新建一个"雪花2"图形元件　　　　　图10-31 添加实例

Step 5 选择"图层1"图层中的第70帧,按〈F6〉键,插入关键帧。选择该帧对应的实例,在"属性"面板中只调整Y值为-131,即将实例向下移动,如图10-32所示。

Step 6 新建"图层2"图层,重复步骤4~5的操作,将"雪花2"图形元件添加至该图层,并设置第1帧对应实例的X值和Y值分别为-19.2和-382.7,第70帧对应实例的X值和Y值为-19.2和61.3,效果如图10-33所示。

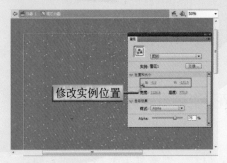 

修改实例位置　　　　　　　　　　　　　修改实例位置

图10-32 调整实例的位置　　　　　　　　　图10-33 调整实例的位置

Step 7 同时选择"图层1"和"图层2"图层的第1帧并右击,在弹出的快捷菜单中单击"创建传统补间"命令,创建传统补间动画,如图10-34所示。

Step 8 新建"火团簇　1"影片剪辑元件,将"火团"元件拖动至舞台,设置实例的大小和位置,并为其添加"模糊X"和"模糊Y"均为2的"模糊"滤镜,效果如图10-35所示。

Step 9 在"图层1"的第11~14帧之间插入关键帧,并在各关键帧之间创建传统补间动画。依次修改第11、12、13和14帧对应实例的Alpha值为75%、50%、25%和0%,如图10-36所示。

Step 10 新建"图层2",将"图层1"中的"火团"实例复制并粘贴至"图层2"中,修改实例的X值和Y值分别为0和44.6,如图10-37所示。

Step 11 在"图层2"的第10~13帧之间插入关键帧,并在各关键帧之间创建传统补间动画。依次修改第10、11、12和13帧对应实例的Alpha值分别为75%、50%、25%和0%,如图10-38所示。

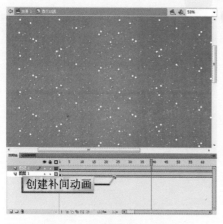

图10-34 创建传统补间动画

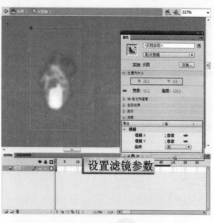

图10-35 添加实例并添加"模糊"滤镜

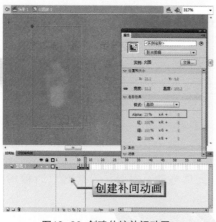

图10-36 创建传统补间动画

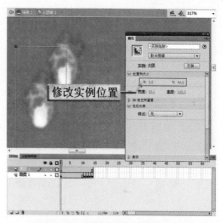

图10-37 修改实例的位置

Step 12 参照"图层1"和"图层2"中"火团"实例逐渐隐退的动画效果,创建"图层3"至"图层8"中"火团"实例逐渐隐退的动画效果,如图10-39所示。

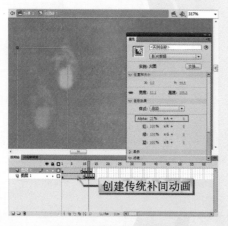

图10-38 创建传统补间动画

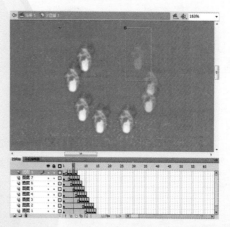

图10-39 制作实例逐渐隐退的动画效果

Step 13 新建"图层9",第15帧插入空白关键帧,并为该帧添加stop();脚本。至此,完成"火团簇 1"影片剪辑元件的创建,如图10-40所示。

237

Step 14 参照"火团簇 1"影片剪辑元件的创建，创建"火团簇 2"影片剪辑元件，制作出"火团"实例逐渐出现的动画效果，如图10-41所示。

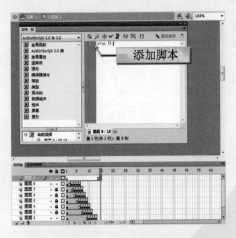

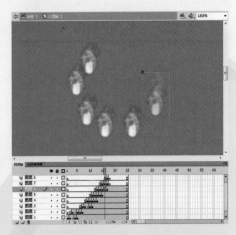

图10-40 添加脚本   图10-41 创建"火团簇 2"影片剪辑元件

10.2.5 实战步骤3——制作导航影片剪辑元件

制作导航影片剪辑元件的具体操作步骤如下：

Step 1 新建"官网首页按钮"按钮元件，在"图层1"的"点击"帧插入空白关键帧，将"灯笼"图形元件拖动至舞台，设置X值和Y值均为0，如图10-42所示。

Step 2 新建"图层2"，将"官网首页1"元件拖动至舞台，设置X值和Y值均为0，如图10-43所示。

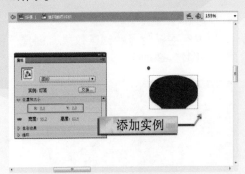

图10-42 添加实例   图10-43 添加实例

Step 3 在"图层2"的"指针经过"帧和"点击"帧插入空白关键帧，选择"指针经过"帧，将"官网首页2"元件拖动至舞台，设置X值和Y值均为0，如图10-44所示。

Step 4 参照"官网首页按钮"按钮元件的创建，依次创建"游戏下载按钮"、"注册账号按钮"、"游戏论坛按钮"按钮元件，如图10-45所示。

Step 5 新建"官网首页导航"影片剪辑元件，将"官网首页按钮"按钮元件拖动至舞台，设置X值和Y值均为0，如图10-46所示。

Step 6 保持"官网首页按钮"实例为选中状态，按〈F9〉键，在弹出的"动作"面板中输入相应的脚本，如图10-47所示。

图10-44 添加实例

图10-45 制作其他按钮元件

图10-46 添加实例

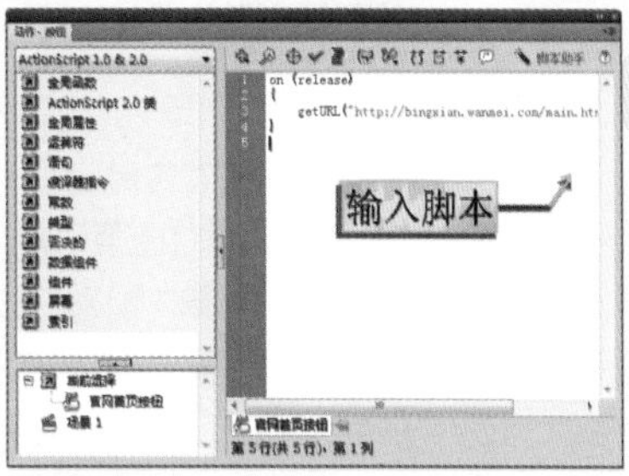

图10-47 添加脚本

Step 7　参照"官网首页导航"影片剪辑元件的创建，依次创建"游戏下载导航"、"注册账号导航"、"游戏论坛导航"影片剪辑元件。

10.2.6　实战步骤4——合成主动画1

合成主动画1的具体操作步骤如下：

Step 1　新建"主动画"影片剪辑元件，将"图层1"更名为"美女"，在该图层的第10帧插入空白关键帧。将"冰雪美女"元件拖动至舞台，设置X值和Y值均为0，如图10-48所示。

Step 2　在"美女"图层的第10～26帧之间插入相应的关键帧，并创建传统补间动画，制作出实例逐渐显示的动画效果，如图10-49所示。

Step 3　在"美女"图层的第135帧插入帧，新建"红绸带"图层，在第30帧插入空白关键帧。将"红绸带"元件拖动至舞台，设置X值和Y值分别为181.2和472，如图10-50所示。

图10-48 添加实例

图10-49 创建传统补间动画

Step 4　新建"白色矩形"图层，在该图层的第30帧插入空白关键帧，将"白色矩形"元件拖动至舞台，设置X值和Y值均为0，如图10-51所示。

图10-50 添加"红绸带"实例　　　　　　　　　图10-51 添加"白色矩形"实例

Step 5　在"白色矩形"的第50和51帧插入关键帧，将第1和50帧对应的实例分离为图形。单击任意变形工具，选择第1帧对应的图形，将鼠标光标放在变形框右侧的中心控制点，将其向左移动，将白色矩形进行变形，如图10-52所示。

Step 6　在"白色矩形"图层的第1～50帧之间创建形状补间动画。右击"白色矩形"图层，在弹出的快捷菜单中单击"遮罩层"命令，创建遮罩动画，如图10-53所示。

图10-52 变形白色矩形　　　　　　　　　图10-53 创建形状补间和遮罩动画

Step 7　新建"文本1"图层，在该图层的第57帧插入空白关键帧。将"冰仙"影片剪辑元件拖动至舞台，设置X值和Y值分别为188.5和384.4，如图10-54所示。

Step 8　在"文本　1"图层的第57～76帧之间插入关键帧，并在各关键帧之间创建传统补间动画。选择第57帧对应的实例，设置Y值为748.9，如图10-55所示。

Step 9　依次调整"文本1"图层中其他关键帧对应的Y值，制作出文本实例从舞台下方向上运动然后再向下移动一小段距离的动画，如图10-56所示。

Step 10　在"文本1"图层的第77帧插入空白关键帧，将"文本1"元件拖动至舞台，设置X值和Y值分别为188.5和384.4，如图10-57所示。

Step 11　参照"文本1"图层中各传统补间动画的创建，新建"文本2"图层，插入相应的关键帧并创建传统补间动画，制作出"文本2"实例从舞台下方向上运动然后再向下移动一小段距离的动画，如图10-58所示。

图10-54 添加"冰仙"实例

图10-55 插入关键帧

图10-56 修改实例的Y值

图10-57 添加"文本1"实例

图10-58 创建"文本2"图层中的动画

10.2.7 实战步骤5——合成主动画2

合成主动画2的具体操作步骤如下：

Step 1 新建"飞升系统主题"图层，在该图层的第81帧插入空白关键帧，将"飞升系统_动画"元件拖动至舞台，设置X值和Y值分别为119.1和126.55，如图10-59所示。

Step 2 新建"血祭系统主题"图层，在该图层的第81帧插入空白关键帧，将"血祭系统_动画"元件拖动至舞台，设置X值和Y值分别为132.5和133.25，如图10-60所示。

图10-59 添加"飞升系统_动画"实例

图10-60 添加"血祭系统_动画"实例

Step 3 在"血祭系统主题"图层的第87和88帧插入关键帧，并在第81~87帧之间创建传统补间动画。选择第87帧对应的实例，设置X值和Y值分别为49.45和259.7，如图10-61所示。

Step 4 选择"血祭系统主题"图层第88帧对应的实例，设置X值和Y值分别为35.6和280.8，如图10-62所示。

图10-61 创建传统补间动画

图10-62 修改实例的位置

Step 5 新建"入驻冰雪系统主题"图层，在该图层的第81帧插入空白关键帧。将"入驻冰雪系统_动画"元件拖动至舞台，设置X值和Y值分别为123.05和133.25，如图10-63所示。

图10-63 添加"入驻冰雪系统_动画"实例

图10-64 创建传统补间动画

Step 6 在"入驻冰雪系统主题"图层的第88、93和94帧插入关键帧，并在相应关键帧之间创建传统补间动画。选择第88帧对应的实例，设置X值和Y值分别为35.6和280.8，如图10-64所示。

Step 7 选择"入驻冰雪系统主题"图层第93帧对应的实例，设置X值和Y值分别为26.9和433.25，如图10-65所示。

Step 8 选择"入驻冰雪系统主题"图层第94帧对应的实例，设置X值和Y值分别为25.15和463.75，如图10-66所示。

图10-65 修改实例的位置　　　　　　　　　　图10-66 修改实例的位置

Step 9 参照步骤1～8的操作，在舞台的右侧制作出其他系统主题动画，各系统动画实例依次出现的动画效果，如图10-67所示。

Step 10 新建"官网首页"图层，在该图层的第109帧插入空白关键帧。将"官网首页导航"元件拖动至舞台，设置X值和Y值分别为879.85和3.6，如图10-68所示。

图10-67 制作出其他系统主题动画　　　　　图10-68 添加"官网首页导航"实例

Step 11 在"官网首页"图层的第110~115帧之间插入关键帧，并在各关键帧之间创建传统补间动画。选择第115帧对应的实例，设置X值为557.65。依次修改其他各关键帧对应的实例，制作出导航实例由右向左运动的动画，如图10-69所示。

Step 12 新建"游戏下载"图层，在该图层的第109帧插入空白关键帧。将"游戏下载导航"元件拖动至舞台，设置X值和Y值分别为879.85和3.6，如图10-70所示。

Step 13 在"游戏下载"图层的第110～118帧之间插入关键帧，并在各关键帧之间创建传统补间动画。选择第118帧对应的实例，设置X值为665.9。依次修改其他各关键帧对应的实例，制作出导航实例由右向左运动的动画，如图10-71所示。

Step 14 新建"注册账号"图层，在该图层的第109帧插入空白关键帧。将"注册账号导航"元件拖动至舞台，设置X值和Y值分别为879.85和3.6，如图10-72所示。

图10-69 制作出导航实例由右向左运动的动画

图10-70 添加"游戏下载导航"实例

图10-71 制作出导航实例由右向左运动的动画

图10-72 添加"注册账号导航"实例

Step 15 在"注册账号"图层的第112、115、118、120和121帧插入关键帧，并在各关键帧之间创建传统补间动画。选择第121帧对应的实例，设置X值为775.95。依次修改其他各关键帧对应的实例，制作出导航实例由右向左运动的动画，如图10-73所示。

Step 16 新建"游戏论坛"图层，在该图层的第109帧插入空白关键帧。将"游戏论坛导航"元件拖动至舞台，设置X值和Y值分别为879.85和3.6，如图10-74所示。

图10-73 制作出导航实例由右向左运动的动画

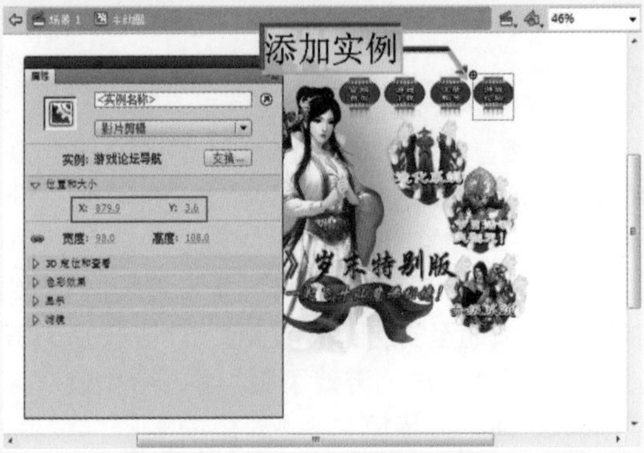

图10-74 添加"游戏论坛导航"实例

Step 17 新建"脚本"图层，在该图层的第127帧插入空白关键帧，并为该帧添加"stop();"脚本。至此，完成"主动画"影片剪辑元件的创建。

Step 18 按〈Ctrl+E〉组合键，返回主场景。将"图层1"更名为"主动画"图层，将"主动画"元件拖动至舞台，设置X值和Y值均为0，如图10-75所示。

Step 19 新建"雪花"图层，将"雪花动画"元件拖动至舞台，调整其大小和位置，如图10-76所示。

图10-75 添加"主动画"实例　　　　　　图10-76 添加"雪花动画"实例

Step 20 新建"脚本"图层，选择第1帧，按〈F9〉键，在弹出的"动作"面板中输入相应的脚本，以实现动画的全屏显示。

至此，完成本案例的制作，保存并测试该动画。

10.2.8 案例小结

全屏类广告策划是在广泛的调查研究基础上，对广告市场和个案进行分析，以决定广告活动的策略和广告实施计划，力求广告进程的合理化和广告效果的最大化。对于全屏类广告的策划，不仅可以进一步明确开发商的目标市场和产品定位，而且可以细化开发商的营销策略，最大限度地发挥广告活动在市场营销中的作用，使浏览者在获取市场商品价格信息时能够一目了然。

10.3　精彩项目2——葡萄酒网站全屏广告

本实例将模拟制作葡萄酒网站全屏广告，整个动画黑色和暗红色的对比，将葡萄酒高贵的品质和神秘的感觉展现得非常到位。整个动画呈现一幅画面：醇厚的酒液洗涤着闲暇的心，浓郁的酒香游离全身，于空气中飘荡，似有似无。酒杯轻曳，缕缕果香，丝丝入心，给人足够的幻想空间。

10.3.1 效果展示——动态效果赏析

本实例制作的是葡萄酒网站全屏广告，动态效果如图10-77所示。

245

图10-77 葡萄酒网站全屏广告赏析

10.3.2 设计导航——流程剖析与项目规格

本节主要通过对全屏类广告的规格展示及效果流程图展示，让用户先行一步了解"葡萄酒网站全屏广告"动画的一般设计过程以及各种全屏类广告的规格，为后面设计全屏广告打下基础。

1.项目规格——1002像素×620像素（宽×高）

根据客户的需求，此广告的尺寸设计为1002像素×620像素，规格展开图如图10-78所示。

图10-78 规格展开图

2.流程剖析

本案例的制作流程剖析如下。

Step 1 导入外部库，并制作其他元件	Step 2 合成背景和酒瓶动画
技术关键点："导入"命令、文本、传统补间动画	技术关键点：文本工具、滤镜、运动补间动画

Step 3 合成文本及其他元件动画
技术关键点：文本工具、传统补间动画

Step 4 保存并测试影片
技术关键点：遮罩、形状补间、传统补间动画

10.3.3 实战步骤1——制作水纹和波浪元件

制作水纹和波浪元件的具体操作步骤如下：

Step 1 按〈Ctrl+F8〉组合键，新建一个名为"水纹"的影片剪辑元件，并进入该元件的编辑区。单击椭圆工具，在舞台上绘制一个"宽"和"高"均为4.4的正圆，设置"填充颜色"为"白色"至"白色"（Alpha值为0%）的放射状渐变，如图10-79所示。

Step 2 在"图层1"的第36帧插入关键帧，修改该帧所对应正圆的"宽"和"高"均为28.1、"填充颜色"为"白色"（Alpha值为0%）至"白色"（Alpha值为0%）的径向渐变，如图10-80所示。

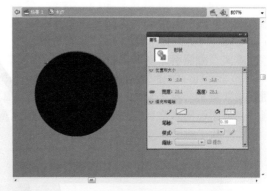

图10-79 绘制径向渐变圆　　　　　　　　　图10-80 修改圆的大小和Alpha值

Step 3 分别将"图层1"中第1和36帧对应的正圆进行分离，右击第1帧，在弹出的快捷菜单中单击"创建补间形状"命令，创建形状补间动画，如图10-81所示。

Step 4 在"图层1"的第37帧插入空白关键帧，将"库"面板中的"圆圈"元件拖动至舞台，设置X值和Y值均为0，如图10-82所示。

Step 5 依次在"图层1"的第38、51、52、62、63和75帧插入关键帧，分别选择第38、52和63帧对应的对象，将其删除，如图10-83所示。

Step 6 选择并复制"图层1"中第1~36帧，新建"图层2"，在第10帧插入空白关键帧，将复制的帧粘贴至该图层的第10帧，并将第45帧延长至第50帧，如图10-84所示。

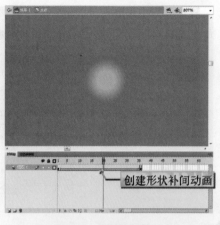

图10-81 创建形状补间动画

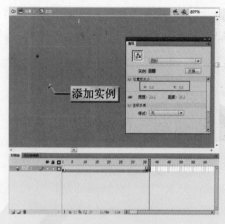

图10-82 添加实例

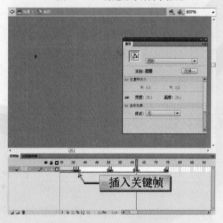

图10-83 插入关键帧

图10-84 复制并粘贴帧

Step 7 　参照"图层2"中形状补间动画的创建，依次新建"图层3"和"图层4"，并在相应关键帧之间创建相同的形状补间动画，如图10-85所示。

Step 8 　新建"图层5"图层，选择该图层的第75帧，按〈F7〉键，插入空白关键帧，并为该帧添加"stop()";脚本，如图10-86所示。

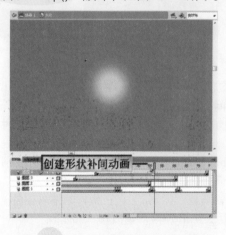

图10-85 新建图层并创建形状补间动画

图10-86 添加脚本

Step 9 　按〈Ctrl＋F8〉组合键，新建一个名为"波浪"的影片剪辑元件，并进入该元件的编辑区。将"波浪形状"元件拖动至舞台，按〈Ctrl＋B〉组合键，将实例分离，如图10-87所示。

Step 10 在"图层1"的第36、78帧插入关键帧，并在各关键帧之间创建形状补间动画，如图10-88所示。

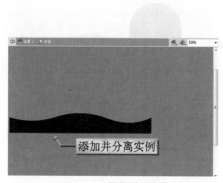
图10-87 添加并分离实例

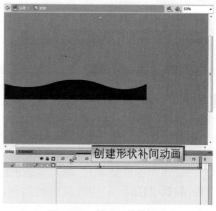
图10-88 创建形状补间动画

Step 11 选择"图层1"中第1帧对应的图形，使用任意变形工具、钢笔工具，调整并变形波浪形状，如图10-89所示。

Step 12 选择"图层1"中第35帧对应的图形，使用任意变形工具、钢笔工具，调整并变形波浪形状，如图10-90所示。

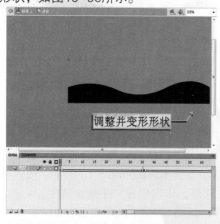
图10-89 调整并变形波浪形状

图10-90 调整并变形波浪形状

Step 13 参照"图层1"中各关键帧的创建，创建"图层2"中的形状补间动画。修改各关键帧中的波浪形状，第1、36和78帧对应的波浪形状如图10-91所示。

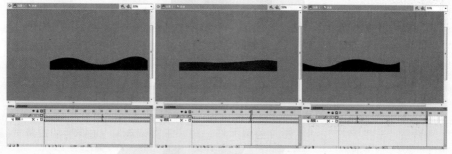
图10-91 修改关键帧中的形状

Step 14 参照"图层1"中各关键帧的创建,创建"图层3"中的形状补间动画。修改各关键帧中的波浪形状,第1、36和78帧对应的波浪形状如图10-92所示。

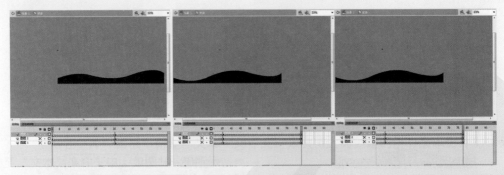

图10-92 修改关键帧中的形状

Step 15 参照"图层1"中各关键帧的创建,创建"图层4"中的形状补间动画。修改各关键帧中的波浪形状,第1、36和78帧对应的波浪形状如图10-93所示。

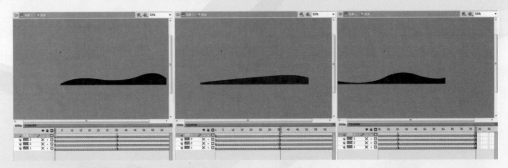

图10-93 修改关键帧中的形状

Step 16 同时选择"图层1"~"图层4"的第1帧,在"颜色"面板中,修改"填充颜色"的Alpha值为0%,如图10-94所示。

Step 17 同时选择"图层1"~"图层4"的第78帧,在"颜色"面板中,修改"填充颜色"的Alpha值为0%,如图10-95所示。选择"图层4"的第79帧,按〈F7〉键,插入空白关键帧,将"波浪形状"元件拖动至舞台的合适位置。

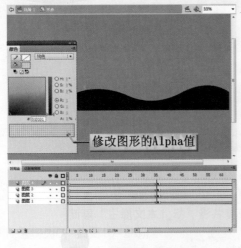

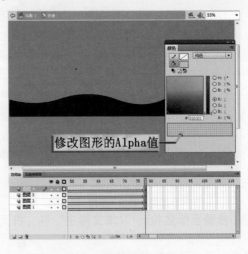

图10-94 设置图形的Alpha值　　　　图10-95 设置图形的Alpha值

10.3.4 实战步骤2——制作闪烁和酒瓶元件

制作闪烁和酒瓶元件的具体操作步骤如下：

Step 1 在"库"面板的底部单击"新建元件"按钮，新建"闪烁"影片剪辑元件，将"星形1"元件拖动至舞台，如图10-96所示。

Step 2 新建"图层2"。单击钢笔工具，在"星形1"实例的右上角和右下角之间绘制一段曲线，如图10-97所示。

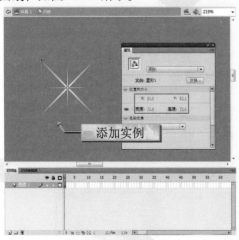
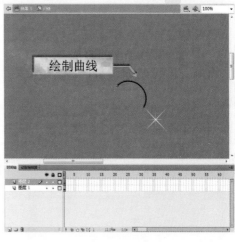

图10-96 添加实例　　　　　　　　　　图10-97 绘制曲线

Step 3 右击"图层2"，在弹出的快捷菜单中单击"引导层"命令，并将"图层1"拖动至"图层2"的下方，创建运动引导动画，如图10-98所示。

Step 4 在"图层2"的第50帧插入帧，在"图层1"的第2和50帧插入关键帧，并在各关键帧之间创建传统补间动画，如图10-99所示。

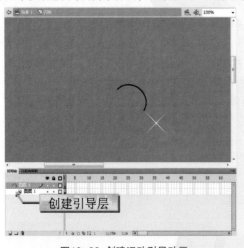
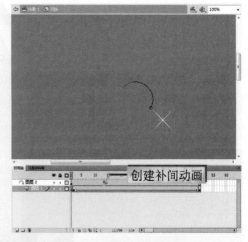

图10-98 创建运动引导动画　　　　　　图10-99 创建传统补间动画

Step 5 选择"图层1"中第1帧对应的实例，在"变形"面板中设置其"旋转"角度值为165。单击任意变形工具，将实例的变形中心点拖动至变形框的右下角，并将中心点与曲线的右下端点重合，如图10-100所示。

Step 6 选择"图层1"中第2帧对应的实例，在"变形"面板中修改实例的缩放大小和旋转角度，如图10-101所示。

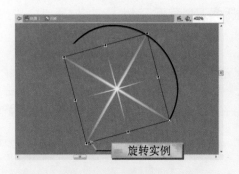

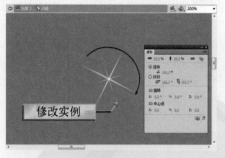

图10-100 旋转实例　　　　　　　　图10-101 修改实例的大小和旋转角度

Step 7　选择"图层1"中第50帧对应的实例，在"属性"面板中设置Alpha值为0%。单击任意变形工具，将实例的变形中心点拖动至变形框的左上角，并将中心点与曲线的左上端点重合，如图10-102所示。

Step 8　新建"闪烁转动"影片剪辑元件，将"星形2"元件拖动至舞台。单击任意变形工具，将实例的变形中心点拖动至变形框的左上角，如图10-103所示。

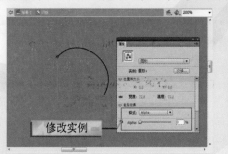

图10-102 修改实例的属性　　　　　　　图10-103 添加实例

Step 9　在"图层1"的第32帧插入关键帧，并在第1~32之间创建传统补间动画。选择第32帧对应的实例，在"变形"面板中修改实例的缩放大小和旋转角度，如图10-104所示。

Step 10　参照"闪烁"影片剪辑元件的创建，新建"闪烁运动1"影片剪辑元件，制作出"闪烁旋转"实例沿曲线的左下端向右上端运动并逐渐隐退的动画效果，如图10-105所示。

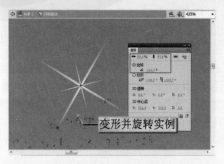

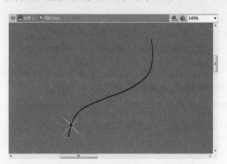

图10-104 变形并旋转实例　　　　　图10-105 新建"闪烁运动1"影片剪辑元件

Step 11　参照"闪烁"影片剪辑元件的创建，新建"闪烁运动2"影片剪辑元件，制作出"闪烁旋转"实例沿曲线的右下端向左上端运动并逐渐隐退的动画效果，如图10-106所示。

Step 12　新建"酒瓶1"图形元件，将image2位图拖动至舞台，设置X值和Y值均为0，并将位图分离，如图10-107所示。

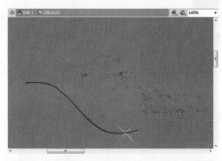

图10-106 新建"闪烁运动2"影片剪辑元件

图10-107 添加位图

Step 13 新建"酒瓶2"影片剪辑元件，将image3位图拖动至舞台，设置X值和Y值均为0，并将位图分离，如图10-108所示。

Step 14 新建"酒瓶合成"影片剪辑元件，将"酒瓶1"元件拖动至舞台，设置X值和Y值均为0，如图10-109所示。新建"图层2"，将"闪烁"影片剪辑元件拖动至舞台，放在酒瓶上。

图10-108 添加位图

图10-109 添加实例

10.3.5 实战步骤3——合成背景和酒瓶动画

合成背景和酒瓶动画的具体操作步骤如下：

Step 1 按〈Ctrl＋E〉组合键，返回主场景。将"图层1"更名为"背景"，将"库"面板中的"渐变背景"元件拖动至舞台，并调整其位置，如图10-110所示。

图10-110 添加实例

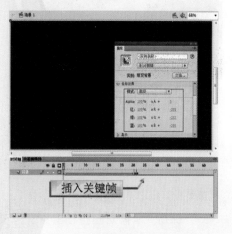

图10-111 插入关键帧并设置实例属性

Step 2 在"背景"图层的第31和32帧插入关键帧，在第445帧插入帧，在第1~31帧之间创建传统补间动画。选择第1帧对应的实例，设置"样式"为"高级"，并设置相应的参数，如图10-111所示。

Step 3 选择"背景"图层第31帧对应的实例，设置其"样式"为"高级"，并设置相应的参数，如图10-112所示。

Step 4 选择"背景"图层的第1帧，在"属性"面板的"声音名称"下拉列表框中选择sound 18音频文件，并设置声音参数，如图10-113所示。

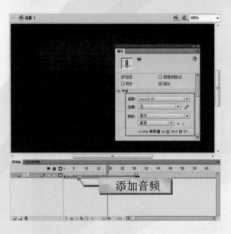

图10-112 设置实例的高级参数　　　　　　　图10-113 添加音频

Step 5 新建"酒瓶组合"图层，将"酒瓶2"元件拖动至舞台，设置X值和Y值均为0，如图10-114所示。

Step 6 在"酒瓶组合"图层的第1~381帧之间创建传统补间动画，调整各关键帧对应实例的颜色样式和"模糊"滤镜，制作出酒瓶图像逐渐清晰的动画。其中，第1和381帧对应实例的Alpha值分别为0%和80%，如图10-115所示。

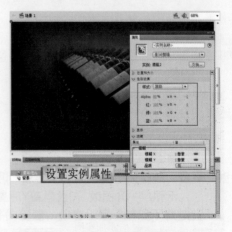

图10-114 添加实例　　　　　　　　　　图10-115 设置实例的属性

Step 7 在"酒瓶组合"图层的第381~445帧之间创建传统补间动画，制作出酒瓶图像逐渐清晰然后隐退的动画。其中，第445帧对应实例的Alpha值为0%，如图10-116所示。

Step 8 新建"酒瓶"图层，将"酒瓶合成"元件拖动至舞台，设置X值和Y值分别为42和130.1，如图10-117所示。

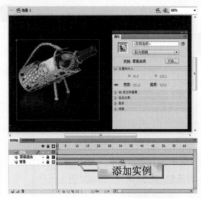

图10-116 设置实例的属性　　　　　　　　图10-117 添加实例

Step 9 在"酒瓶"图层的第84、209、263帧插入关键帧，删除第263帧之后的所有帧，并在各关键帧之间创建传统补间动画，如图10-118所示。

Step 10 分别选择"酒瓶"图层第1和263帧对应的实例的Alpha值为0%；选择第84帧对应的实例，修改Alpha值为98%、X值为108.75，制作出酒瓶向右水平运动并逐渐清晰的动画，如图10-119所示。

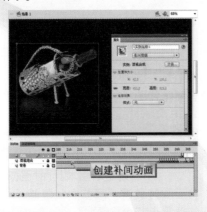

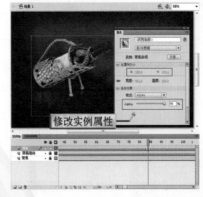

图10-118 创建传统补间动画　　　　　　　图10-119 修改实例的属性

Step 11 选择"酒瓶"图层第209帧对应的实例，设置X值为110.1；选择第263帧对应的实例，设置X值为213.2，制作出酒瓶向右水平运动并逐渐隐退的动画，如图10-120所示。

图10-120 制作酒瓶向右水平运动并逐渐隐退的动画

10.3.6 实战步骤4——合成文本、波浪和水纹动画

合成文本、波浪和水纹动画的具体操作步骤如下：

Step 1 新建"动态文本1"图层，将"动态文本1"元件拖动至舞台，设置X值和Y值分别为342.05和0，并为实例添加"色调"颜色样式，如图10-121所示。

Step 2 在"动态文本1"图层的第169和208帧插入关键帧，并在该图层的各关键帧之间创建传统补间动画，如图10-122所示。

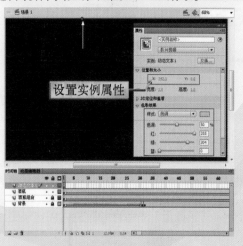
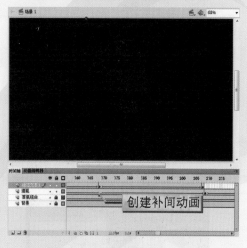

| 图10-121 添加实例 | 图10-122 创建传统补间动画 |

Step 3 依次选择"动态文本1"图层的第169和208帧对应的实例，设置Y值分别为-30和-66，制作出文本垂直向上运动的动画效果，如图10-123所示。

图10-123 修改实例的Y值

Step 4 新建"动态文本2"图层，在该图层的第308帧插入空白关键帧，将"动态文本2"元件拖动至舞台，设置X值和Y值分别为138.1和-18，并为实例添加"色调"颜色样式，如图10-124所示。

Step 5 在"动态文本2"图层的第384和385帧插入关键帧，并在各关键帧之间创建传统补间动画。设置第384和385帧对应实例的Y值分别为-49.6和-50，制作出文本垂直向上运动的动画效果，如图10-125所示。

图10-124 添加实例

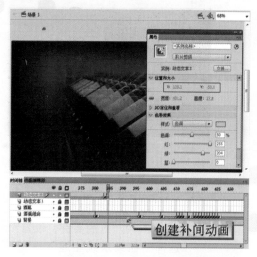

图10-125 创建传统补间动画

Step 6 新建"波浪"图层，将"波浪"元件拖动至舞台，设置实例的大小、位置和Alpha值，如图10-126所示。

Step 7 新建"水纹"图层，将"水纹"元件拖动至舞台，调整其大小和位置。单击选择工具，选择"水纹"实例，按住〈Ctrl〉键并拖动鼠标，将实例复制两次，并分别调整复制实例的大小和位置，如图10-127所示。

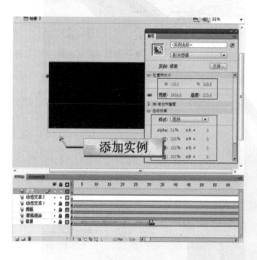

图10-126 设置实例的属性

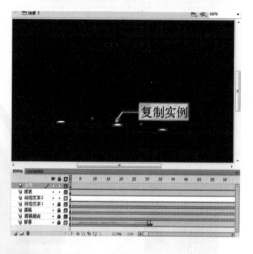

图10-127 添加实例

10.3.7 实战步骤5——合成闪烁和进站页面动画

合成闪烁和进站页面动画的具体操作步骤如下：

Step 1 新建"闪烁1"图层，将"闪烁运动1"元件拖动至舞台，设置X值和Y值分别为453.45和371.85，如图10-128所示。

Step 2 新建"闪烁2"图层，将"闪烁运动2"元件拖动至舞台，设置X值和Y值分别为574.35和372.75，如图10-129所示。

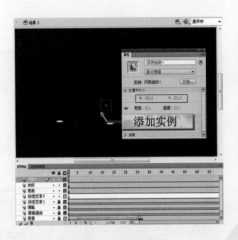

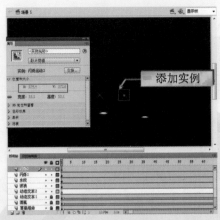

图10-128 添加实例　　　　　　　　　　　图10-129 添加实例

Step 3　　选择"脚本和进站页面"图层的第1帧,按〈F9〉键,在弹出的"动作"面板中输入脚本语言,如图10-130所示。

Step 4　　选择"脚本和进站页面"图层的第445帧,按〈F7〉键,插入空白关键帧。将"进站页面"元件拖动至舞台,设置X值和Y值均为0,如图10-131所示。

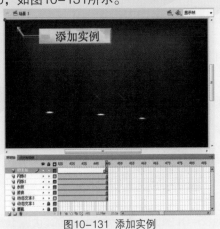

图10-130 输入脚本　　　　　　　　　　　图10-131 添加实例

Step 5　　同时选中"闪烁1"和"闪烁2"图层第252帧之后的所有帧并右击,在弹出的快捷菜单中单击"删除帧"命令,删除选择的帧,如图10-132所示。

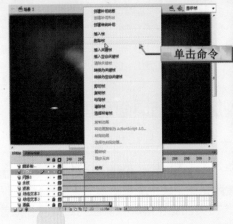

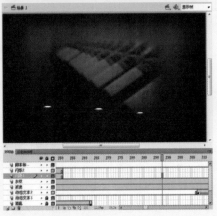

图10-132 删除选择的帧

Step 6　选择"脚本和按钮"图层的第445帧，并为该帧添加"stop ();"脚本。至此，完成该动画的设计与制作。

10.3.8　案例小结

酒类产品广告的设计要求应该根据生产商期望提升产品形象、突破单一市场的策略，为了通过产品档次的提升，扩展消费群体而设计的。从此点着手，在葡萄酒网站全屏广告动画的设计上，运用了古朴的设计风格，在画面上采用深沉的葡萄酒红及黑色，体现酒的历史文化特色及醇美的内在品质。

关于酒类产品动画的设计，对于设计师来说应有高超的艺术造诣和丰富的艺术想象力，对酒类产品设计追求差异性、独特性、原创性及个性化。挖掘产品深厚的文化积淀，以设计语言演绎醇美的内在品质，提升酒类产品的设计文化品位，树立独领风骚"文化品牌"的地位。追求酒类产品动画设计完美的展示性、强烈的艺术感染性、新颖性、凝聚性和在同类商品中的竞争性，这是酒类产品广告进行系统设计的最终目的。

读书笔记